재료피로파괴·강도 용어사전 속편

Dictionary of Fatigue Fracture
and Fatigue Strength of Materials
Succeeding Edition
(FatiguePedia of Materials)

재료피로파괴·강도용어사전 속편
Dictionary of Fatigue Fracture
and Fatigue Strength of Materials Succeeding Edition
(FatiguePedia of Materials)

초판 1쇄 발행 2023년 4월 15일

지은이 송지호, 김정엽
펴낸이 장길수
펴낸곳 지식과감성#
출판등록 제2012-000081호

교정 김서아
디자인 이은지
편집 이은지
검수 주경민, 이현
마케팅 정연우

주소 서울시 금천구 벚꽃로298 대륭포스트타워6차 1212호
전화 070-4651-3730~4
팩스 070-4325-7006
이메일 ksbookup@naver.com
홈페이지 www.knsbookup.com

ISBN 979-11-392-1011-8(93550)
값 12,000원

• 이 책의 판권은 지은이에게 있습니다.
• 이 책 내용의 전부 또는 일부를 재사용하려면 반드시 지은이의 서면 동의를 받아야 합니다.
• 잘못된 책은 구입하신 곳에서 바꾸어 드립니다.

지식과감성#
홈페이지 바로가기

재료피로파괴·강도 용어사전

속편

송지호, 김정엽 지음

Dictionary of Fatigue Fracture
and Fatigue Strength of Materials
Succeeding Edition
(FatiguePedia of Materials)

머리말

저자들은 약 11년 전인 2011년 12월 30일 저자들과 박준협(당시 동명대 교수), 이학주(당시 한국기계연구원 책임연구원)박사들과 같이 《재료피로파괴·강도용어사전(Dictionary of Fatigue Fracture and Fatigue Strength of Materials -FatiguePedia of Materials)》이라는 국내에서는 물론, 세계에서도 최초인 피로파괴 및 피로강도에 관한 전문 사전을 ㈜교보문고에서 출판한 적이 있다.

이 사전은 피로문제의 중요성, 피로지식의 보급과 쉬운 이해, 피로 관련 용어의 국내 표준화를 목적으로 2006년도 한국연구재단의 지원으로 편찬되었고, 그 저작권은 당시 연구 책임자 송지호(저자의 한 사람)의 소속 기관인 한국과학기술원(KAIST)이 소유하고 있다.

근래 보기 드문 피로사전이라는 의미도 있어, 총 쪽수가 775쪽으로 매우 두꺼운 책으로, 가격도 38,000원이나 하는 약간 비싼 책이었다.

전체 총 항목 수는 510개, 총 용어 수는 2,200여 개로 피로 외의 분야에 속한 항목 수는 파괴역학-25개, 변형과 강도-35, 시험법과 측정-26, 재료 및 금속학-37, 고체역학-67, 확률 및 통계-43, 신뢰성공학-13, 설계와 가공-9개, 총 255개 항목으로 피로를 이해하기 위한 주변 학문 지식 용어도 많이 포함하여, 이들 분야의 간단한 용어 사전으로도 활용할 수 있도록 하였다.

사전 출판 전에도 약간 느끼고 있었으나, 특히 출판 후 저자들이 피로에 관한 더욱 상세한 내용을 담은 피로참고서, 《기초 피로강도론(Fundamentals of Fatigue Analysis)》과 그 속편 《기초 피로강도론속편(Fundamentals of Fatigue Analysis, Succeeding Edition)》을 집필 출판하는 과정에서, 사전에서 추가하면 좋을 만한 용어들, 특히 파괴인성, 고온피로, 다축피로 등이 있었으며, 그 외에도 그렇게 많지는 않으나 다수 발견되어, 그것들을 사전 증보판으로 출판하면 피로를 공부하시는 학생분들이나 현장에 계신 공학자분들에게 도움이 되지 않을까 생각되어, 매우 얇은 사전 증보판을 속편으로 출판하기로 했다.

근래 심해지는 외국의 저작권 문제로 연구 결과의 그림 등을 쉽게 인용할 수 없는 상태가 되어 있으며, 우리나라 출판 사정으로는 비용상 거의 인용하기가 어려우므로, 사전 증보판에서는 저자들의 연구 결과 외에는 가능한 한 문장으로 나타내고 꼭 필요하다고 느끼는 부분은 모식적으로 나타내는 방법을 사용하고 있다. 반드시 내용을 파악할 필요가 있는 부분은 참고 문헌을 참조하도록 하고 그 경우에도 국내에서 반드시 찾을 수 있도록 하고 있다.

본문 중 돋움체로 되어 있는 것은 용어를 나타내고 있다. 돋움체 용어에 밑줄이 있는 것이 거기에서 새롭게 도입된 용어를 나타내고 밑줄 없는 용어는 이전 재료피로파괴·강도용어사전이나 이번 증보판에 있는 용어이다. 이전 재료피로파괴·강도용어사전에 있는 용어는 중복을 피하기 위해 (☞전편)이란 형태로 인용하고 있다. 저자들의 《기초 피로강도론》과 그 속편 《기초 피로강도론 속편》을 참고 문헌으로 많이 인용하고 있다. 특히 마지막 두 책은 e-북 형태로도 출판되고 있어 편하게 볼 수 있다.

사전 증보판의 총 항목 수는 89개, 총 새로운 용어 수는 235여 개로 되어 있다.

출판 사정이 어려운, 특히나 이공계 전문 서적 출판이 매우 어려운 국내 현실을 감안하여 이 사전 증보판도 자가 출판 형태를 취하고 있다. 출판에 즈음하여 노력해 주신 출판사 지식과감성#의 김서아님과 장길수대표님께 깊은 감사를 드린다.

2022년 11월
송지호, 김정엽

Contents

머리말   v

[D]   1
Dugdale의 소성역 치수   1

[ㄱ]   3
고온에서의 피로   3
- 고되풀이수피로   3
- 저되풀이수피로   3
- Manson의 10% 룰   3
- 되풀이속도 수정피로수명   4
- 변형률폭 분할개념   4
- 균열진전   6
- 규격 E2760-19   6

[ㄴ]   9
뉴턴·랩슨 법   9

[ㄷ]   11

다축피로   11
-손상 파라미터   11
   1) 변형률에 기초한 Brown-Miller 모델   11
   2) 전단파손모드재료에 대한 Fatemi-Socie 모델   12
   3) 인장파손모드재료에 대한 Smith-Watson-Topper 모델 13
-다축하중에 대한 하중파형 사이클계산법   13
-다축하중하의 피로균열진전   13
   1) 다축하중에 대한 응력강도계수폭 ΔK_{MM} 13
   2) 임계면 유효변형률강도계수   14
   3) 변형률에너지방출률에 기초한 등가변형률강도계수   14
   4) Huber-Mises 기준에 의한 비례하중에 대한 등가응력강도계수 14
-얇은 두께의 튜브형 시험편의 변형률제어에 의한 축-전단 피로시험   14

단일과대하중하의 균열진전   16

되풀이 응력-변형률 곡선   16
-다수 시험편에 대한 일정진폭하중 부하 방법   17
-변형률 점증점감 부하방법   18
-계단식 점증 부하 방법   18
-되풀이하중에서의 히스테리시스곡선 그리는 방법- Masing의 가설   20
-되풀이 응력-변형률 곡선 예측식-Morrow의 제안   21

[ㄹ] 23

랜덤하중에서의 피로평가 23
　-균열진전 23
로드셀 24

[ㅁ] 27

물체-고체, 유체, 기체 27
미소균열 27
미시관찰용 측정기기 27
　-전자현미경 28
　　1) 투과형전자현미경 28
　　2) 주사형전자현미경 28
　-원자간력 현미경 29
　-X선 회절법 30
　-방사광 X선 CT법 30

[ㅂ] 31

베이즈 정리 31
변동하중에서의 피로평가 34
　-저되풀이수피로 34
　-고되풀이수피로 34

-피로균열진전	35
변위계	**35**
-변위계 구성요소의 변형률을 이용하는 방법	36
-변위계 구성요소의 변위를 이용하는 방법	38

[ㅅ] 43

실물피로시험 43
실제하중 44

[ㅇ] 47

요소, 구성요소, 부재 47
이상 데이터 48

[ㅈ] 49

저되풀이수피로 균열진전평가 49
　-Dowling연구(1976) 이전의 연구 49
　-Dowling연구(1976) 이후의 연구 51
전문가시스템 53
정확도와 정밀도 53
　-정확도 표시식 55
　-정밀도 표시식 60

-정밀도의 종류	61
1) 되풀이 정밀도	61
2) 재설정 정밀도	61
3) 재현 정밀도	61
-정도	62

[ㅊ]   63

추정   63

-점추정	63
1) 불편성	64
2) 효율성	65
3) 일치성	67
4) 충분성	67
-구간추정	68
-모평균 μ의 구간추정	69
1) 모분산 σ^2을 아는 경우	69
2) 모분산 σ^2을 모르는 경우	71
-모분산이 같은 경우의 모평균 차이 $\mu_x - \mu_y$의 구간추정	73
-모분산 σ^2의 구간추정	75
-모비율의 추정	75

충격시험   77

[ㅋ]	79
크리프거동예측이론	79
-Larson-Miller 파라미터	79
-Manson-Haferd 파라미터	79

[ㅌ]	81
통계학	81

[ㅍ]	83
파괴인성	83
-선형탄성 평면변형률 파괴인성시험법	83
-파괴인성 측정법	84
패러다임	86
피로연구의 역사	87

찾아보기(Index)   99

[D]

Dugdale의 소성역 치수
Plastic zone size by Dugdale

Dugdale[1]은 그림 1과 같은 모델을 사용하여 균열선단(☞전편)의 소성역치수(☞전편)를 계산하고 있다.

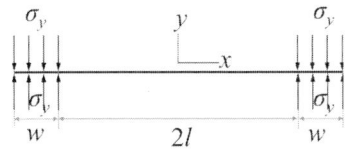

그림 1 Dugdale의 소성역 모델

균열길이 $2l$, 균열의 양쪽에 치수 w의 소성역이 있는 모델이다. 소성역 w위에 일정한 항복응력(☞전편) σ_y가 작용한다고 가정하고, 부하응력이 σ일 때, 다음 식이 얻어진다.

$$\frac{w}{l+w} = 2\sin^2\left(\frac{\pi\sigma}{4\sigma_y}\right)$$

Dugdale은 Muskhelishvili[2]의 결과를 이용하고 있다. 이것을 정리하면

$$\frac{w}{l} = [\sec\left(\frac{\pi\sigma}{2\sigma_y}\right) - 1] \quad (1)$$

우변은 $|x| < \dfrac{\pi}{2}$일 때 급수전개하면

$$\frac{w}{l} = [\sec\left(\frac{\pi\sigma}{2\sigma_y}\right) - 1] \cong \frac{1}{2}\left(\frac{\pi\sigma}{2\sigma_y}\right)^2$$

이 되고, 이를 정리하면

$$w \cong \frac{1}{2}\left(\frac{\pi\sigma}{2\sigma_y}\right)^2 = \frac{\pi}{8}\left(\frac{\sigma\sqrt{\pi l}}{\sigma_y}\right)^2$$
$$= \frac{\pi}{8}\left(\frac{K}{\sigma_y}\right)^2 \quad (2)$$

식 (1) 또는 식 (2)를 Dugdale의 소성역치수를 나타내는 식으로 사용한다.

Westergaard[3]의 응력함수를 사용해도 구할 수 있다. Westergaard의 응력함수에 관해서는 문헌 3)에 자세히 설명되어 있다.

---

1) D.S. Dugdale, "Yielding of Steel Sheets Containing Slits," Journal of Physics and Solids, Vol. 8, pp.100-104, 1960.
2) N.I. Muskhelishvili, Theory of Elasticity, Noordhoff, 1953, p.340.
3) H.M. Westergaard, "Bearing Pressure and Cracks," Transactions of ASME, Vol. 61, pp. A49-A53, 1939.

[ㄱ]

고온에서의 피로 Fatigue at high temperature

고온에서의 피로문제를 다룰 때에는, 고되풀이수피로(☞전편), 저되풀이수피로(☞전편), 피로균열진전(☞전편), 세 영역으로 나누어 생각하는 것이 합리적이다. 고온에서의 피로에 대해 고되풀이수피로 영역(☞전편)에서는 고온의 영향으로 일찍이 많이 다루어져 왔다. 먼저 고되풀이수피로 영역에 대해 설명하기로 한다.

[고되풀이수피로]

고온피로(☞전편)에 대해 고되풀이수피로에서는 수명에 미치는 고온의 영향(☞전편)으로 다루는 것이 일반적으로, 특히 피로한도(☞전편)에 미치는 영향을 주로 다루어 왔다. 그 주요 내용은 철강재료(☞전편)에서 나타나는 청열취성(☞전편), 고온에서의 평균응력(☞전편)의 영향(☞전편), 고온에서의 산화막의 영향(☞전편) 등으로, 이들 내용에 관해서는 전편 및 다른 문헌[1])에서 상세히 다루고 있으므로 여기서는 되풀이 설명하지 않기로 한다.

[저되풀이수피로]

저되풀이수피로에서의 고온피로에 관해서는 전편에서 고온의 영향(저되풀이수피로)(☞전편)으로 간단히 언급하고 있으나, 여기서는 좀 더 상세히 설명하기로 한다. 저되풀이수피로 영역(☞전편)에서 재료가 고온이 되면 수명이 짧아진다. 그리고 변형률속도(하중되풀이속도)(☞전편)의 영향을 받아 같은 하중에 대해 소성변형률(☞전편)의 크기도 달라진다[2]. 따라서 이 영향들을 고려할 필요가 있다.

[Manson의 10% 룰]

과거, 온도의 수명에 미치는 영향을 가장 간편하게 평가하는 방법으로 Manson의 10% 룰(Manson's 10 percent rule)[3] 또는 Manson-Halford 방법(empirical formula by Manson and Halford)[4]이라는 것이 있었다. Manson의 공통경사법(☞전편)을 수정한 다음과 같은 식을 이용하는 방법이다.

$$\Delta \varepsilon_t = C_1(10N_f)^{-0.12} + C_2(10N_f)^{-0.6} \quad (1)$$
$$C_1 = 3.5\sigma_u / F, \quad C_2 = \varepsilon_f^{0.6}$$

여기서 $\Delta \varepsilon_t$는 전변형률폭(☞전편), N_f는 파단되풀이수(☞전편), σ_u는 인장강도(☞전편), ε_f는 파단연성(☞전

편)이다. 인장강도 및 파단연성은 문제가 되고 있는 고온에서의 각각의 값을 사용하고, 공통경사법에서 수명을 1/10로 줄여서 예측하는 방법이다. 대체로 안전쪽 또는 과도한 안전쪽 평가가 된다고 한다.

[되풀이속도 수정피로수명]

고온에서의 되풀이속도의 영향을 다음과 같은 식을 사용하여 고려한다[5]. 되풀이속도 수정피로수명(frequency-modified fatigue life)는 다음과 같이 된다는 것이다.

$$\Delta \varepsilon_p = C_2 (N_f v^{k-1})^{-\beta} \quad (2)$$

여기서 v는 되풀이속도로 cpm (cycle per minute)으로 나타낸다.

같은 온도에서 $\Delta \varepsilon_p - N_f v^{k-1}$ 선도가 일직선이 된다고 보고되고 있다.

되풀이속도 수정응력폭(frequency-modified stress range)은

$$\Delta \sigma = A \Delta \varepsilon_p^n v^{k_1}$$

$$\Delta \varepsilon_e = \frac{\Delta \sigma}{E} = \frac{A'}{E} N_f^{-\beta'} v^{k_1}$$

$$\Delta \varepsilon = \Delta \varepsilon_p + \Delta \varepsilon_e$$

$$= C_2 (N_f v^{k-1})^{-\beta} + \frac{A'}{E} N_f^{-\beta'} v^{k_2} \quad (3)$$

결국 전변형률과 수명의 관계는 위의 식과 같이 얻어진다. 그러나 이 식은 많은 실험정수를 결정하기 위해 상당히 많은 실험데이터가 필요한 단점이 있다.

이 두 방법 모두 온도가 복잡하게 변하는 경우, 하중이 복잡하게 변동하는 경우, 온도나 되풀이속도를 어떻게 결정해야 하는지 문제가 많다. 그래서 제안된 방법이 다음의 **변형률폭 분할**(strainrange partitioning) 개념[6]이다.

[변형률폭 분할개념]

이 개념은 피로하중과 크리프하중(☞전편)이 동시에 또는 번갈아 작용할 때, 이 두 변형이 분리돼서, 또는 동시에 존재하고 이 두 변형이 상호 작용하여 재료의 파괴거동에 영향을 미치며, 재료에 발생하는 히스테리시스 루프(☞전편)형태도 달라진다는 현상에 착목하여 제안된 것이다.

피로하중과 크리프하중이 작용할 때, 히스테리시스 루프는 그림 1과 같은 형태로 나눌 수 있을 것이다.

그리고 이 히스테리시스 루프는 그림 2와 같이 4개의 기본 타입의 히스테리시스 루프로 나눌 수 있다고 생각하는 것이다. 이 기본

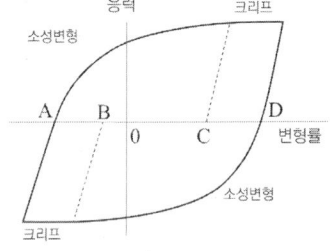

그림 1 히스테리시스 루프

타입의 히스테리시스 루프에 대해 물리적 의미를 주고, 이들 히스테리시스 루프에 대응하는 재료의 수명이 있다고 보는 것이다[6].

각 히스테리시스 루프에 대한 재료의 수명을 각각 N_{pp}, N_{pc}, N_{cp}, N_{cc}라 하고, 각 히스테리시스 루프의 전체히스테리시스 루프에 대한 비율을 각각 F_{pp}, F_{pc}, F_{cp}, F_{cc}라 하면 다음 식이 손상값이 된다.

$$\frac{F_{pp}}{N_{pp}} + \frac{F_{pc}}{N_{pc}} + \frac{F_{cp}}{N_{cp}} + \frac{F_{cc}}{N_{cc}} = \frac{1}{N_f} \quad (4)$$

종래의 피로와 크리프 선형손상 법칙은 다음 식이 된다.

$$\frac{1}{N_{pp}} + \frac{1}{N_{cc}} = \frac{1}{N_f} \quad (5)$$

하중되풀이수가 1Hz이상 높게 되면 전체히스테리시스 루프는 피로하중에 대한 $\Delta\varepsilon_{pp}$가 되고, 하중되풀이수가 10^{-4}Hz이하로 낮아지면 전체히스테리시스 루프는 크리프에 대한 $\Delta\varepsilon_{cc}$가 된다. 이 두 경우에 대해 수명식을 구하면 다음 식이 얻어진다.

$$\frac{\Delta\varepsilon_{pp}}{D_p} = 0.75 N_{pp}^{-0.6} \quad (6)$$

$$\frac{\Delta\varepsilon_{cc}}{D_c} = 0.75 N_{cc}^{-0.6} \quad (7)$$

여기서 D_p와 D_c는 각각 <u>소성연성</u>

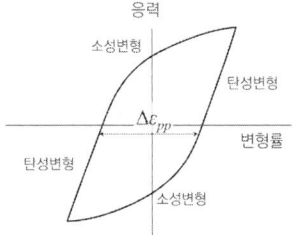

I) $\Delta\varepsilon_{pp}$ 히스테리시스 루프

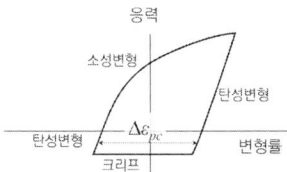

II) $\Delta\varepsilon_{pc}$ 히스테리시스 루프

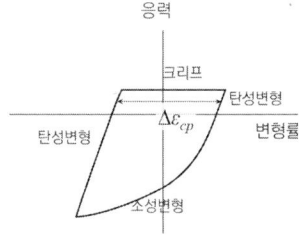

III) $\Delta\varepsilon_{cp}$ 히스테리시스 루프

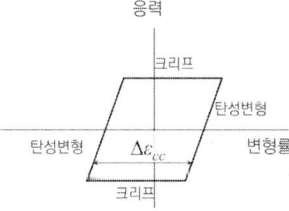

IV) $\Delta\varepsilon_{cc}$ 히스테리시스 루프

그림 2 4가지 기본 히스테리시스 루프

(plastic ductility)과 크리프연성(creep ductility)을 나타낸다.

압축하중에서 또는 인장하중에서 하중을 일시 유지하는(hold time) 시험을 수행하면 $\Delta\varepsilon_{pc}$와 $\Delta\varepsilon_{cp}$에 대한 수명식도 다음과 같이 얻어진다.

$$\frac{\Delta\varepsilon_{pc}}{D_p} = 1.25 N_{pc}^{-0.8} \qquad (8)$$

$$\frac{\Delta\varepsilon_{cp}}{D_c} = 0.25 N_{cp}^{-0.8} \qquad (9)$$

식 (4)와 식 (6)~(9)를 사용하면 고온저되풀이수에서의 수명을 예측할 수 있게 된다.

Manson이 제안한 식 (6)~(9)가 모든 재료에 대해 성립하지는 않아 페라이트(☞전편)강의 경우는 다음과 같은 식이 된다는 보고가 있다[7].

$$\frac{\Delta\varepsilon_{pp}}{D_p} = 0.2 N_{pp}^{-0.6} \qquad (10)$$

$$\frac{\Delta\varepsilon_{cp}}{D_c} = 0.2 N_{cp}^{-0.6} \qquad (11)$$

또 다른 식도 많다. 변형률폭 분할법개념은 열피로(thermo-mechanical fatigue, TMF)(☞전편) 연구에 자주 사용되며, 고온에서의 저되풀이수피로 평가의 주요 방법이 되고 있다.

[균열진전]

고온에서 피로하중과 크리프하중이 동시에 작용할 때의 균열진전에 관해서는 미국재료시험학회 ASTM(☞전편)의 규격 E2760[8])을 참고하면 좋다.

[규격 E2760-19]

이 규격은 단축 되풀이하중(☞전편)을 받는 피로예비균열(☞전편)이 있는 C(T)시편(☞전편)을 사용하여 보통 말하는 동질재료의 크리프-피로(☞전편) 균열진전성질을 결정하는 방법을 규정한다. 균열선단(☞전편)에서 크리프변형(☞전편)을 일으킬 수 있는 충분히 긴 부하/제하 속도나 유지 시간을 갖는 또는 양쪽 모두가 있는 피로되풀이가 관심 대상이며, 크리프변형이 하중사이클당 균열진전속도 증가에 원인이 있다고 생각한다. 이 방법은 균열진전 데이터가 서로 겹치도록 적어도 두 개의 시험편을 필요로 한다.

다음과 같은 사항을 설명하고 있다.

두 종류의 균열진전 메카니즘, 즉 시간에 의존하는 입계(☞전편) 크리프와 되풀이수 의존의 입내(☞전편)피로의 상호 작용은 복잡하며 재료나 하중되풀이속도, 하중파형(☞전편)등에 의존하기 때문에, 시험을 계획할 때에는 실제와 같도록 하거나 비슷하게 하는 것이 좋다.

크리프 거동에는 두 가지, 크리프-

연성(creep-ductile)과 크리프-취성(creep-brittle)이 있다. 10% 또는 그 이상의 러프쳐(☞전편) 연성(rupture ductility)의 높은 크리프-연성재료의 경우, 크리프변형률이 지배적이며 크리프-피로 균열진전은 균열선단 부근에 기본적으로 시간의존의 크리프 변형률을 동반한다.

크리프-취성재료에서는 크리프-피로 균열진전은 낮은 크리프 연성에서 일어나며, 시간 의존의 크리프 변형률은 균열선단의 탄성변형률과 비슷하거나 작게 된다.

크리프-취성재료에서는 크리프-피로 균열진전속도 da/dN은 **응력강도계수파라미터**(☞전편) ΔK로 나타낸다.

크리프-연성재료의 경우 하중사이클 동안의 균열진전의 평균 시간 속도 $(da/dt)_{avg}$는 C파라미터의 평균 크기 $(C_t)_{avg}$로 나타낸다.

$(da/dt)_{avg}$와 $(C_t)_{avg}$의 관계는 높은 크리프-연성재료에서는 유지시간에 무관하다는 것이 알려져 있다.

이 방법은 시험편에만 사용이 가능하고 실물 부품이나 구조물 등에는 적용되지 않는다.

$C^*(t)$-적분은 2차원 균열이 경우 다음과 같이 주어진다.

$$C^*(t) = \int_\Gamma (W^*(t)dy - T \cdot \frac{\partial \dot{u}}{\partial x} ds) \tag{12}$$

여기서 $W^*(t)$는 단위 면적당 에너지밀도(energy rate), Γ는 균열선단 주위의 적분경로, ds는 주위 경로의 미소성분, T는 바깥 방향 **표면력**(☞전편) 벡터(outward traction vector), $\dot{u}$는 변위속도이다.

그 외 중요한 사항들, 이 규격의 중요성, 사용 방법, 균열진전속도와 각 함수와의 관계 정리 방법, 시험 장치, 시험편, 시험 방법 등이 상세히 설명하고 있다. 고온에서 피로하중과 크리프하중이 동시에 작용할 때의 균열진전에 관하여 연구할 때에는 이 규격을 반드시 참고해야 하며, 크리프균열진전에 관한 규격 E1457-19[9]와 크리프-피로 시험에 관한 규격 E2714-13[10]도 잘 알아 두어야 할 필요가 있다.

---

1) 송지호, 김정엽, 기초 피로강도론, 지식과 감성, 2016, pp.277-283.
2) J.T. Berling and T. Slot, "Effect of Temperature and Strain Rate on Low-Cycle Fatigue Resistance of AISI 304, 316, and 348 Stainless Steels," ASTM STP 459, pp.3-30, 1969.
3) S.S. Manson and G.R. Halford, "A Method of Estimating High Temperature Low Cycle Fatigue Behavior of Materials," Proceedings of International Conference on Thermal and High-Strain Fatigue, Institute of Metals and Iron and Steel Institute, London, 6-7 June 1967.
4) G.R. Halford and S.S. Manson, "Application of a Method of Estimating High Temperature Low Cycle Fatigue Behavior of Materials," National Metal Congress, ASM,

Cleveland, 19 Oct. 1967, NASA TM X-52357.
5) L.F. Coffin, Jr., "Fatigue at High Temperature," ASTM STP 520, pp.5-34, 1973.
6) S.S. Manson, "The Challenge to Unify Treatment of high Temperature Fatigue-A Partisan Proposal Based on Strain range Partitioning," ASTM STP 520, PP.744-782, 1973.
7) 木村 恵, 小林一夫, 山口弘二, "各種耐熱鋼のクリープ疲労寿命に対するひずみ範囲分割法による解析,"圧力技術, Vol.40, pp.262-269, 2002.
8) ASTM E2760-19: Standard Test Method for Creep-Fatigue Crack Growth Testing, Annual Book of ASTM Standards, Section 3, 2020.
9) ASTM E1457-19: Standard Test Method for Creep Crack Growth Times in Metal, Annual Book of ASTM Standards, Section 3, 2020.
10) ASTM E2714-13: Standard Test Method for Creep-Fatigue Testing, Annual Book of ASTM Standards, Section 3, 2020.

[ㄴ]

뉴턴-랩슨 법
Newton-Raphson method

일반적으로 방정식 $f(x)$가 x에 관하여 고차식(高次式)이 되면, $f(x) = 0$에 대한 방정식의 근(根, root) 또는 엄밀해를 이론적으로 쉽게 구할 수가 없다. 이러한 경우에 수치를 사용하여 반복적으로 계산을 수행하여 엄밀해에 가까운 근사(近似, approximation)값을 얻는 이른바 <u>수치해석(數値解析, numerical analysis)</u> 방법이 이용된다.

피로(☞전편)에서 다음과 같은 **변형률-수명관계**(☞전편) 식을 이용하여, 주어진 **변형률폭** $\Delta\varepsilon$(☞전편)에 대해 **피로수명** N_f(☞전편)을 구하는 경우 등에서 수치해석 방법이 사용된다.

$$\frac{\Delta\varepsilon}{2} = \frac{\sigma'_f}{E}(2N_f)^b + \varepsilon'_f(2N_f)^c$$

(1)

수치해석 방법외 히니에 <u>뉴턴법(Newton's method)</u> 또는 <u>뉴턴-랩슨 법(Newton-Raphson method)</u>이라는 것이 있다.

이 방법은 다음과 같이 생각하는 방법이다.

그림 1과 같이 $y = f(x)$라는 곡선 방정식이 있다고 하면, $f(x) = 0$를 만족하는 해 x는 곡선 $y = f(x)$와 x축이 교차하는 점, 즉 x축 절편 x가 된다. 지금 해 x에 가깝다고 생각되는 x_0값을 생각하고, 이 값에 대한 곡선 상의 점 $f(x_0)$에서 접선을 그려, 축과 교차하는 점, 즉 절편을 x_1이라 하면, 이 x_1은 x_0보다 더 해 x에 가까운 값이 된다.

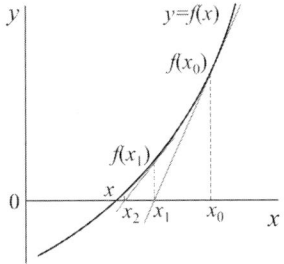

그림 1 뉴턴-랩슨 법

이 과정을 되풀이하면 해에 매우 근접한 값이 얻어진다.

곡선 상의 점 $f(x_0)$에서의 접선에 대한 식은 다음과 같이 될 것이다.

$$f'(x_0) = \frac{f(x_0)}{x_0 - x_1}$$

(2)

이 식을 정리하면

$$x_1 = x_0 - \frac{f(x_0)}{f'(x_0)} \qquad (3)$$

위의 과정을 일반화하면 다음 식이 얻어진다.

$$x_{n+1} = x_n - \frac{f(x_n)}{f'(x_n)} \qquad (4)$$

식 (4)를 이용하여 되풀이 계산하여 근사값을 얻는 방법이 뉴턴-랩슨 법이다.
이 방법에 대한 조건으로는 대상이 되는 영역에서 함수 $f(x)$가 미분 가능해야 하며, $f'(x_0) \neq 0$이 되도록 잡을 필요가 있다.
식 (3)의 형태를 기억하는 방법으로는, $f(x)$를 $x = x_0$에서 테일러(Taylor) 급수로 다음과 같이 전개하고,

$$f(x) = f(x_0) + f'(x_0)(x - x_0) + \frac{1}{2}f''(x_0)(x - x_0)^2 + \cdots \qquad (5)$$

x_0가 $f(x) = 0$이 되는 해에 매우 가까운 값이라 생각하면, $(x-x_0)^2$ 이상이 되는 항은 매우 작은 값으로 무시할 수 있을 것이므로, 식 (5)는

$$f(x) = 0 = f(x_0) + f'(x_0)(x - x_0) \qquad (6)$$

의 형태가 되어, 결국

$$x = x_0 - \frac{f(x_0)}{f'(x_0)} \qquad (7)$$

과 같이 식 (3)과 같은 형식의 식이 얻어진다. 이렇게 기억하면 편할 것이다.

[ㄷ]

다축피로 Multiaxial fatigue

실제 구조물에 작용하는 하중은 대부분 단축하중(☞전편)이 아닌 다축하중(☞전편)인 경우가 많다. 따라서 지금까지 다축하중에 대한 피로 연구도 많이 수행되어 축적된 연구 결과도 많다. 초기 연구들은 고전적인 항복(☞전편)이론, 즉 최대응력설(☞전편), Tresca 최대전단응력설(☞전편), 그리고 von Mises의 변형에너지설(☞전편)을 이용한 것들이 많았으나, 이후 많은 연구가 수행되어 여러 이론들이 제안되고 있다. 지금 현재도 다축피로에 대한 국제 학회 또는 심포지엄이 매년 열리고 있다고 해도 과언이 아니다. 그 결과들은 미국시험재료학회(American Society for Testing and Materials, ASTM)(☞전편)의 Special Technical Publication (STP), 미국자동차학회(Society of Automotive Engineers, SAE)(☞전편)의 보고서 시리즈 등으로 출판되고 있다.

[손상 파라미터(damage parameter)]
다축피로 수명을 예측할 때에 중요한 것이 피로손상을 지배하는 손상 파라미터(damage parameter)를 결정하는 것이다. 손상 파라미터로는 조합응력(☞전편)하의 항복이론을 피로에 적용시킨 최대 주변형률설(maximum principal strain criterion)(☞전편), 최대 전단변형률설(maximum shear strain criterion, Tresca yield criterion)(☞전편), 최대 전단변형에너지설(maximum distortion energy criterion, von Mises yield criterion)(☞전편)이 초기에는 사용되기도 했으나, 이후에는 임계면(또는 위험면)(critical plane) 접근법이 주로 사용된다. 그중 몇 가지를 소개하기로 한다.

1) 변형률에 기초한 Brown-Miller 모델[1] (strain based Brown-Miller model)

이 모델은 다음 식으로 나타내어진다.

$$\frac{\Delta\gamma}{2} + \Delta\varepsilon_n = C \qquad (1)$$

여기서 $\Delta\gamma/2$는 최대 전단변형률면에서의 전단변형률진폭, $\Delta\varepsilon_n$은 최대 전단변형률면에 작용하는 수직 방향 인장변형률폭, C는 재료정수이다.

식 (1)을 다축하중에 대한 등가단축 수명평가식으로 나타내면 다음과 같이 된다. 이때 ε-N곡선으로

$$\frac{\Delta \varepsilon}{2} = \frac{\sigma'_f}{E}(2N_f)^b + \varepsilon'_f (2N_f)^c \quad (2)$$

를 사용하고, 단축하중에 대한

$$\frac{\Delta \varepsilon}{2} = \frac{\Delta \gamma}{2(1+\nu)} \quad (3)$$

관계를 이용한다. 여기서 $\Delta\varepsilon/2$은 전변형률진폭(☞전편), ν는 포아손 비(☞전편)이다.

$$\frac{\Delta \gamma}{2} + S\frac{\Delta \varepsilon_n}{2}$$
$$= A_1 \frac{\sigma'_f}{E}(2N_f)^b + A_2 \varepsilon'_f (2N_f)^c$$
$$A_1 = (1+\nu_e) + S(1-\nu_e)/2.0 = 1.65$$
$$A_2 = (1+\nu_p) + S(1-\nu_p)/2.0 = 1.75$$

여기서 재료정수 $S = 1$이고, ν_e와 ν_p는 각각 탄성 및 소성에서의 포아손 비로 0.3, 0.5이다. 결국 다음과 같은 식이 된다.

$$\frac{\Delta \gamma}{2} + 0.5\Delta \varepsilon_n = 1.65\frac{\sigma'_f}{E}(2N_f)^b$$
$$+ 1.75\varepsilon'_f (2N_f)^c \quad (4)$$

이 Brown-Miller 모델은 저되풀이수피로(☞전편)와 고되풀이수피로(☞전편) 양쪽에 적용할 수 있으나 피로에 영향이 큰, 재료의 되풀이 경화(☞전편)와 같은 재료의 특성을 고려하지 못하고, 또한 서로 직각인 두 개의 임계면을 지정하게 되어서 실험 결과와는 다른 점이 있다.

비슷한 모델로, 다음과 같은 Lohr-Ellison 모델[2]이 있다.

$$\frac{\Delta \gamma}{2} + 0.2\Delta \varepsilon_n = 1.44\frac{\sigma'_f}{E}(2N_f)^b$$
$$+ 1.60\varepsilon'_f (2N_f)^c \quad (5)$$

2) 전단파손모드재료에 대한 Fatemi-Socie 모델[3] (Fatemi-Socie model for shear failure mode material)

이 모델은 다음 식으로 나타내어진다.

$$\frac{\Delta \gamma_{max}}{2}(1 + k\frac{\sigma_{n,max}}{\sigma_y})$$
$$= \frac{\tau'_f}{G}(2N_f)^{b_0} + \gamma'_f (2N_f)^{c_0}$$
$$(6)$$

여기서 $\Delta\gamma_{max}/2$는 임계면에서의 최대전단변형률진폭, $\sigma_{n,max}$는 최대전단면에 작용하는 최대수직응력, σ_y는 재료의 항복응력(☞전편), τ'_f와 γ'_f는 각각 전단피로강도계수(coefficient of shear fatigue strength) 및 전단피로연성계수(coefficient of shear fatigue ductility)이다. 재료정수 k는 일정값이 아니고 파단수명에 따라 변하며, 보통 다음과 같이 정의된다.

$$k = \left[\frac{\frac{\tau'_f}{G}(2N_f)^{b_0} + \gamma'_f(2N_f)^{c_0}}{(1+v_e)\frac{\sigma'_f}{E}(2N_f)^b + (1+v_p)\varepsilon'_f(2N_f)^c} - 1\right]$$

$$\times \frac{2\sigma_y}{\sigma'_f(2N_f)^b} \qquad (7)$$

이 모델은 하중의 넓은 범위, 많은 재료, 응용에 좋은 결과를 얻고 있다고 한다.

3) 인장파손모드재료에 대한 Smith-Watson-Topper[4] 모델

이 모델은 주로 균열진전(☞전편)이 최대인장 주변형률(☞전편) 또는 주응력(☞전편)에 지배되는 재료에 대해 제안된 것이다. 균열발생(☞전편)은 전단에서 일어나나 초기 수명은 최대 주응력과 주변형률에 수직인 면의 균열진전에 지배된다는 것에 주목하여 Bannantine[5]이 단축하중에 대한 Smith-Watson-Topper의 모델을 다축하중에 적용한 것이다. 이 모델은 다음과 같이 표현된다.

$$\frac{\Delta\varepsilon}{2}\sigma_{n,\max}$$

$$= \frac{\sigma'^2_f}{E}(2N_f)^{2b} + \sigma'_f\varepsilon'_f(2N_f)^{2c} \qquad (8)$$

이상 임계면 접근법외에 최근 von Mises의 최대변형률 이론 외에 또 다른 에너지 모델도 제안되고 있으나 좀 복잡하여 여기서는 설명하지 않기로 한다.

[다축하중에 대한 하중파형 사이클 계산법]

변동하중(☞전편)에서 중요한 하중파형 사이클계산법(cycle counting method)(☞전편)에 관해서는 다축하중 손상파라미터에 관해 레인플로법(rainflow counting)(☞전편)을 사용하는 것이 좋다. 다만 에너지 손상파라미터를 생각하는 경우에는 부호 문제를 해결할 필요가 있을 것이다.

[다축하중하의 피로균열진전]

다축하중하의 피로균열진전문제는 특히 복잡하다. 재료의 영향이 크며, 균열의 진전방향의 예측, 균열닫힘(☞전편), 평균하중(☞전편)의 영향 등 밝힐 문제가 많기 때문이다. 따라서 확립된 방법은 현재 없는 것 같으나 피로균열진전을 다룰 파라미터에 관해서는 제안된 것이 많다. 여기서는 중요한 몇 가지에 대해서만 설명하기로 한다.

1) 다축하중에 대한 응력강도계수폭 ΔK_{MM}

피로균열진전속도 da/dN(☞전편)은 다음과 같이 나타내어진다고 하고

$$da/dN = C(\Delta K_{MM})^m \qquad (9)$$

Tanaka[6]는 $q=2$, $m=2$ 또는 $q=4$ 또는 8과 $m=4$를 추천하고

있다.

Yan 등[7]은 최대접선응력기준(maximum tangential stress criterion)을 확장하여 다음 식을 제안했다.

$$\Delta K_{MM} = \frac{1}{2}\cos\frac{\theta_0}{2}[\Delta K_1(1+\cos\theta_0) - 3K_{II}\sin\theta_0)] \quad (10)$$

여기서 θ_0는 최대접선응력기준에서 얻어진 균열진전방향이다.
Richard 등[8]은 다음 식을 제안하고 있다.

$$\Delta K_{MM} = \frac{\Delta K_1}{2} + \frac{1}{2}\sqrt{\Delta K_I^2 + 4(1.155\Delta K_{II})^2} \quad (11)$$

2) 임계면 유효변형률강도계수 (critical plane effective strain intensity factor)

Reddy와 Fatemi[9]는 Fatemi-Socie 모델[3]을 기반으로 다음과 같은 변형률강도계수(☞전편)를 제안하고 있다.

$$\Delta K_{CPA} = G\Delta\gamma_{\max}\left(1+k\frac{\sigma_{n,\max}}{\sigma_y}\right)\sqrt{\pi a} \quad (12)$$

3) 변형률에너지방출률에 기초한 등가변형률강도계수[10]

$$\Delta K_{eq}(\varepsilon) = [(Y_1 E\Delta\varepsilon_n\sqrt{\pi a})^2 + (Y_2 G\Delta\gamma_m\sqrt{\pi a})^2]^{1/2} \quad (13)$$

Y_1과 Y_2는 각각 모드 I (☞전편)과 모드 II (☞전편)의 형상계수 (☞전편), $\Delta\gamma_m$은 전최대전단변형률폭(total maximum shear strain range)이다.

4) Huber-Mises 기준에 의한 비례하중에 대한 등가응력강도계수

$$\Delta K_{eq} = \sqrt{\Delta K_I^2 + 3\Delta K_{II}^2} \quad (14)$$

$$\Delta K_{eq} = \sqrt{\Delta K_I^2 + 3\Delta K_{III}^2} \quad (15)$$

등이 있으며, ΔJ-적분(☞전편)에 의한 정리도 시도되고 있다.

이들 이외에도 여러 가지 파라미터가 있을 수 있으므로 새로운 연구 결과들을 잘 살펴볼 필요가 있을 것이다.

다축하중 피로시험에 관해서는 얇은 두께의 튜브형 시험편에 대한 ASTM규격이 있다.

[얇은 두께의 튜브형 시험편의 변형률제어에 의한 축-전단 피로시험]

이 시험법이 ASTM Designation: E2207-15[11]에 규격화되어 있다. 전단변형률에 대해서는 튜브형시험편의 바깥 직경에서 결정된 전단변형률을 사용하는 것을 추천하고 있다.
동 위상(in-phase) 축-전단피로시험은 축변형률 최대값이 전단변형률 최대값과 같은 시간에 일어나는 즉 위상각 $\varphi = 0$인 시험을 말하며, 모든 순간에 전단변형률은 축변형률에 비례하므로 이런 의미에서 이러한 하중을 비례하중(proportional loading)이라 하기도 한다. 한편 위상이 틀린(out of phase) 축-전단피로시험은 축변형률 최대값이 전단변형률 최대값에 비해 선행하거나 늦은 즉 위상각 $\varphi \neq 0$인 시험을 말하며, 모든 순간에 전단변형률은 축변형률에 비례하지 않으므로 이런 의미에서 이러한 하중을 불비례하중(non-proportional loading)이라 하기도 한다.

전단응력(☞전편) 산출법, 시험편 형상, 되풀이 축 응력-변형률곡선(☞전편), 되풀이 전단응력-변형률곡선, 축 변형률폭-피로수명 관계(☞전편), 전단 변형률폭-피로수명 관계표시식에 대해 설명하고 있다. 필요하면 참고하면 좋을 것이다.

---

1) M.W. Brown and K. J. Miller, "High Temperature Biaxial Fatigue of Two Steels," Fatigue of Engineering Materials and Structures, Vol. 1, pp.217-229, 1979.
2) R.D. Lohr and E. G. Ellison, "A Simple Theory for Low Cycle Multiaxial Fatigue," Fatigue of Engineering Materials and Structures, Vol. 3, pp.1-17, 1980.
3) A. Fatemi and D.F. Socie, "A Critical Plane Approach to Multiaxial Fatigue Damage Including Out-of-phase Loading," Fatigue of Engineering Materials and Structures, Vol. 11, pp.149-165, 1988.
4) R.N. Smith, P.P. Watson and T.H. Topper, "A Stress-Strain Parameter for the Fatigue of metals", Journal of Materials, Vol. 5, pp.767-778, 1970.
5) J.A. Bannantine and D.F. Socie, "A Variable Amplitude Multiaxial Fatigue Life Prediction Model," Fatigue under Biaxial and Multiaxial Loading, pp.35-51, 1989.
6) K. Tanaka, "Fatigue Propagation from Inclined to the Cyclic Tensile Axis," Engineering Fracture Mechanics, Vol. 6, pp.493-507, 1974.
7) X. Yan, S. Du and Z. Zhang, "Mixed-Mode Fatigue Crack Growth Prediction in Biaxially Stretched Sheets," Engineering Fracture Mechanics, Vol. 43, pp.471-475, 1992.
8) H.A. Richard, M. Fulland and M. Sander, "Theoretical Crack Path Prediction," Fatigue and Fracture of Engineering Materials and Structures, Vol. 28, pp.3-12, 2005.
9) S.C. Reddy and A. Fatemi, "A Small Crack Growth in Multiaxial Fatigue," ASTM STP 1122, pp.569-585, 1992.
10) D.F. Socie, C.T. Hua and D.W. Worthem, "Mixed Mode Small Crack Growth," Fatigue and Fracture of Engineering Materials and Structures, Vol. 10, pp.1-16, 1987.
11) ASTM Designation: E2207-15: Standard Practice for Strain-Controlled Axial-Torsional Fatigue Testing with Thin-Walled Tubular Specimens, Annual Book of ASTM Standards. Section 3, 2020.

단일과대하중하의 균열진전
Crack growth under single overload

변동하중(☞전편)에서도 가장 간단한 변동하중은 작은 하중이 연속적으로 작용하는 도중에 큰 하중이 단 한 번 작용하는 단일과대하중(☞전편)이다.

하중형태가 간단하므로 많은 연구가 이루어졌고, 그중에서도 유명한 것이 Stephens 등[1]의 7075-T6에 대한 연구 결과이다. 그 결과 내용에 대해서 그리고 단일과대하중하의 **균열진전**(☞전편) 정리 방법, 중요 영향인자 등에 관해서는 문헌 2)에 상세하게 설명되어 있으므로 참고하면 좋을 것이다.

또 단일과대하중하의 균열진전을 설명하기 위한 여러 기구(機構, mechanism)가 제안되고 있으며, 특히 균열진전 **지연**(☞전편)에 대한 것이 많으며, 이것들은 일반 변동하중에 대해서도 적용되는 경우가 많다. 이들 지연기구에 대해서도 문헌 3)에 상세하게 설명되어 있으므로 참고하면 좋을 것이다.

---

1) R.I. Stephens, D.K. Chen and B.W. Hom, "Fatigue Crack Growth with Negative Stress Ratio Following Single Overloads in 2024-T3and 7075-T6 Aluminum Alloys," ASTM STP 595, pp.27-40, 1976.
2) 송지호, 김정엽, 기초 피로강도론, 지식과 감성, 2016, pp.618-625.
3) 송지호, 김정엽, 기초 피로강도론,

되풀이 응력-변형률 곡선
Cyclic stress-strain curve

재료에 **피로하중**(☞전편)인 되풀이하중(☞전편)이 작용하면, 되풀이 **소성변형**(☞전편)이 발생하고, 이 되풀이 소성변형이 피로수명(☞전편), 특히 **피로균열발생수명**(☞전편)에 큰 영향을 미친다. 따라서 피로수명을 평가하는 식으로, 탄성변형(☞전편)과 소성변형(☞전편)을 모두 포함한 **전변형률**(☞전편)과 수명의 관계식, 즉 다음과 같은 변형률-수명(ε-N)곡선(☞전편)이 많이 사용된다.

$$\frac{\Delta \varepsilon}{2} = \frac{\Delta \varepsilon_e}{2} + \frac{\Delta \varepsilon_p}{2}$$
$$= \frac{\sigma'_f}{E}(2N_f)^b + \varepsilon'_f (2N_f)^c \quad (1)$$

여기서 $\Delta\varepsilon$은 전변형률폭, $\Delta\varepsilon_e$와 $\Delta\varepsilon_p$는 각각 탄성변형률폭(☞전편)과 소성변형률폭(☞전편)이다. E는 탄성계수(☞전편), σ'_f 및 b는 각각 피로강도계수(☞전편) 및 피로강도지수(☞전편), ε'_f 및 c는 각각 피로연성계수(☞전편) 및 피로연성지수(☞전편)이다.

통상적으로 하중(☞전편)은 변형

률(☞전편)의 형태보다는 kN(킬로뉴턴)과 같은 힘(☞전편)의 형태로 주어지는 경우가 많으며, 경우에 따라 하중이 커서 재료가 소성변형하거나, 또는 응력집중(☞전편)의 원인이 되는 노치(☞전편)가 있어 재료에 국부적으로 소성변형이 일어나는 경우에, 변형률-수명곡선을 사용하여 수명을 평가하려 하면, 소성변형의 크기를 구할 필요가 있으며, 이를 위해서는 재료의 되풀이하중에서의 응력(☞전편)과 전변형률의 관계를 알 필요가 있다.

되풀이하중에서의 응력과 전변형률의 관계를 나타내는 곡선을 <u>되풀이 응력-변형률 곡선(cyclic stress-strain curve)</u>이라 하며, 재료의 피로특성 중의 하나로 가능한 한 구해 두는 것이 바람직하다.

되풀이 응력-변형률 곡선을 구하는 방법으로는 다음의 3가지를 생각할 수가 있을 것이다.

[다수 시험편에 대한 일정진폭하중 부하 방법(companion specimens method)]

여러 개의 시험편을 사용하여 여러 레벨의 통상적인 일정 변형률진폭시험을 수행하여, 각 변형률진폭시험에서 안정된 응력-변형률 히스테리시스곡선(☞전편)을 얻어, 이들 히스테리시스곡선을 그림 1과 같이 겹쳐 그려, 그 꼭지점들을 이어서 구하는 방법이 있다.

또는 여러 개의 시험편을 사용하여 일정 소성변형률진폭시험을 수행하여, 각 소성변형률 진폭에 대해 대표적인 응력을 그림 2와 같이 응력-변형률 좌표에 타점하여 구하는 방법도 가능하다.

이 두 가지 다수 시험편을 이용하는 방법에서는, 일정 변형률진폭시험에 의한 경우에는 안정된 대표적인 응력-변형률 히스테리시스곡선을 얻어야 하며, 일정 소성변형률진폭시험에 의한 경우에는 일정 소성변형률에 대응하는 대표적인 응력을 결정할 필요가 있다.

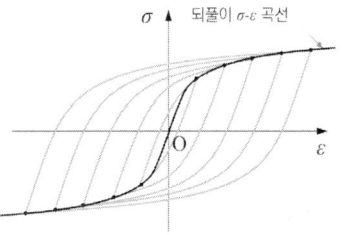

그림 1 다수 시험편에 의한 되풀이 응력-변형률 곡선 결정법1-일정변형률진폭시험

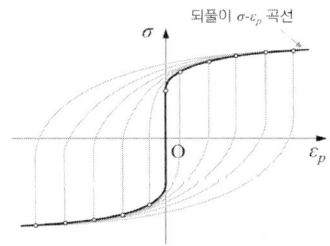

그림 2 다수 시험편에 의한 되풀이 응력-변형률 곡선 결정법2-일정소성변형률진폭시험

그러나 일반적으로 재료는 계속적으로 되풀이 경화(☞전편) 또는 되풀이 연화(☞전편)할 가능성이 있으므로, 이들을 결정하기가 쉽지 않다.

따라서 편의상, 피로수명의 1/2에 해당하는 시점에서의 히스테리시스곡선이나 응력을 대표 값으로 사용하는 경우가 많다. 피로수명의 0.21과 0.79에 해당하는 두 점(Gauss의 수치 적분법에서의 2개의 분점에 해당)의 값을 평균하여 사용하는 방법도 있다[1].

[변형률 점증(漸增)점감(漸減) 부하 방법(incremental step method)[2]]

한 개의 시험편을 이용하여, 그림 3a)와 같은 변형률폭을 점증점감하는 시험을 하여, 변형거동이 거의 안정된 상태에서 그림 3b)와 같은 히스테리시스곡선들의 꼭지점을 연결하여 구하는 방법이다.

시험편을 한 개만 사용하므로 매우 경제적이나, 변형률 점증점감 부하를 히스테리시스곡선이 안정될 때까지 어느 정도 되풀이할 필요가 있으므로, 부하할 수 있는 최대변형률폭에 제한이 있게 된다. 또한 변형률폭이 변동하고 있으므로, 하중이력(☞전편) 영향이 있는 결과를 얻을 가능성이 많다.

[계단식(階段式) 점증(漸增) 부하 방법(multi step method)]

한 개의 시험편을 사용하여, 한 하중수준에서 충분히 부하한 후, 하중을 계단식으로 증가시켜 구하는 방법이다. 시험편을 한 개만 사용하므로 경제적이며, 변형률 점증점감 방법에 비해 시험이 쉬우며, 또한 하중이력 영향이 거의 없는 결과를 얻을 수 있는 장점이 있다. 이 경우에도 부하할 수 있는 최대하중에 제한이 있게 되나, 좀 더 많은 시험편을 사용하면 해결된다.

SUS304 스테인리스 강(☞전편)에 대해 다수 시험편에 의한 방

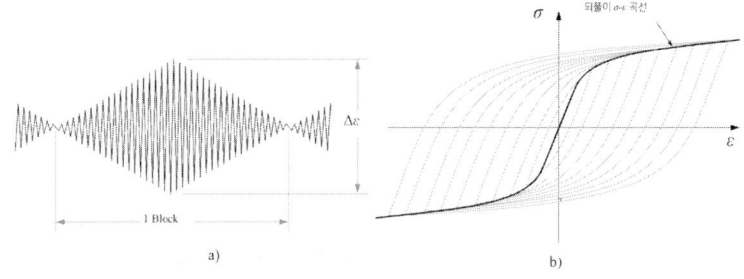

그림 3 변형률 점증 점감 방법

법과 점증점감에 의한 방법을 비교한 연구 결과[3])가 있으며, 이에 따르면 일치하지 않는 경우도 있으며, 특히 점증점감에 의한 방법에서는 최대변형률의 크기에 따라서도 결과가 달라지고 있어, 주의할 필요가 있다.

일반적으로 되풀이 응력-변형률 곡선과 일방향 하중(☞전편)에 의한 이른바 <u>정적 응력-변형률 곡선(static stress-strain curve)</u>은 다른 것이 일반적으로, 이를 비교한 연구[2])도 있으나, 되풀이 응력-변형률 곡선은 그 구하는 방법에 영향을 받을 가능성이 있으므로 주의할 필요가 있다.

되풀이 응력-변형률 곡선은, 되풀이 경화(☞전편)하는 재료일 경우에는 정적 응력-변형률 곡선보다 위에, **되풀이 연화**(☞전편)하는 재료일 경우에는 아래에 위치할 가능성이 많다. 다만, 같은 재료의 경우에도 응력의 크기에 의존하여 되풀이연화 또는 되풀이 경화할 가능성이 있으므로, 되풀이 응력-변형률 곡선과 정적 응력-변형률 곡선의 상대적 위치는 더 복잡할 수가 있다.

응력-변형률 곡선이 얻어지면, 응력과 소성변형률의 관계를 일반적으로 다음과 같이 수식화한다.

정적 응력-소성변형률 관계에 대해서는

$$\sigma = K\varepsilon_p^n \quad (2)$$

여기서 K는 강도계수(strength coefficient) (☞전편), n을 변형률 경화지수(strain hardening exponent) (☞전편)라 한다.

되풀이 응력-소성변형률 관계에 대해서는

$$\sigma_a = K'(\varepsilon_{pa})^{n'} \quad (3)$$

여기서 σ_a 및 ε_{pa}는 각각 되풀이 응력과 소성변형률 진폭이며, K'는 <u>되풀이 강도계수(cyclic strength coefficient)</u>, n'는 <u>되풀이 변형률 경화지수(cyclic strain hardening exponent)</u>이다.

변형률 경화지수를 결정하는 방법이 다음과 같이 미국시험재료학회(ASTM)(☞전편) 규격 ASTM E646-16[4])에 있다.

정적 변형률 경화지수 n은 0 ~ 0.6의 값을, 되풀이 변형률 경화지수 n'은 0.1 ~ 0.25의 값을 갖는다고 알려져 있다.

일반적으로 해석할 때에는 다음과 같은, 탄성변형률과 소성변형률을 합한 전 변형률과 응력의 관계를 사용한다.

정적 하중인 경우:

$$\varepsilon = \varepsilon_e + \varepsilon_p = \frac{\sigma}{E} + \left(\frac{\sigma}{K}\right)^{1/n} \quad (4)$$

되풀이 하중인 경우:

$$\varepsilon_a = \varepsilon_{ea} + \varepsilon_{pa} = \frac{\sigma_a}{E} + \left(\frac{\sigma_a}{K'}\right)^{1/n'} \quad (5)$$

여기서 ε_{ea}는 탄성변형률 진폭이다.
이상과 같은 식을 Ramberg-Osgood의 식(☞전편)이라 한다.

식 (5)가 그림 1과 3에서 굵은 선으로 나타낸, 원점을 기점으로 하는 되풀이 응력-변형률 곡선을 나타낸다.

하중이 **일정진폭하중**의 경우에는 식 (5)로부터 변형률폭을 간단히 구할 수가 있다. 그러나 하중의 크기가 불규칙하게 변동하는 **변동하중**(☞전편)의 경우에는 각 하중사이클에 대한 **응력-변형률 히스테리시스곡선**을 그려 구할 필요가 있다.

[**되풀이하중에서의 히스테리시스곡선 그리는 방법-Masing의 가설 Masing's hypothesis**]

되풀이하중에 대한 응력-변형률 히스테리시스곡선을 그리는 방법은 다음과 같다.

$\Delta\varepsilon = 2\varepsilon_a$, $\Delta\sigma = 2\sigma_a$ 등을 식 (5)에 대입하여 정리하면 다음 식이 얻어진다.

$$\Delta\varepsilon = \Delta\varepsilon_e + \Delta\varepsilon_p$$
$$= \frac{\Delta\sigma}{E} + 2\left(\frac{\Delta\sigma}{2K'}\right)^{1/n'} \quad (6)$$

이 식은, 그림 4a)와 같이 되풀이 응력-변형률곡선이 얻어졌다고 하면, 이 곡선 상의 임의의 점 A에 대응하는 응력과 변형률을 각각 2배로 하여, 그림 4b)와 같이 타점(打點, plot)해 나갔을 때 얻어지는 곡선의 식이 된다. 이 곡선이 그림 1, 3의 각 히스테리시스곡선의 부하 부분과 제하 부분에 대응하게 된다.

예로 그림 c)와 같은 하중이 주어졌다고 하면, 다음과 같이 그리게 된다. 첫 응력사이클인 O에서 ①까지의 부하 부분은 처음으로 부하되는 부분이므로, 그림 a)의 정적 응력-변형률곡선(이미 알고 있다고 가정)에 따라 그림 d)의 O-①곡선과 같이 그린다. 다음에 ①→②까지의 제하 부분은 되풀이 하중 부분이므로, 그림 b)의 안정된 히스테리시스곡선을 이용하여, 그림 d)의 ①의 점을 그림 b)의 원점 O에 일치시켜 부하 곡선과 동일한 $\Delta\sigma$-$\Delta\varepsilon$ 관계 곡선을 제하 방향으로 그려, 점②를 얻는다. 다음 부하 사이클인 ②→③에 대해서는 그림 d)의 ②의 점을 그림 b)의 원점 O에 일치시켜 $\Delta\sigma$-$\Delta\varepsilon$ 관계 곡선을 부하 방향으로 그리면, 그림 d)에서 점③이 점①에 일치하게 되어 닫힌 **히스테리시스 루프**가 얻어진다.

위와 같이 히스테리시스곡선은 되풀이 응력-변형률 곡선을 2배로 하여 얻어진다. 되풀이 응력-변형률 곡선 관계가 인장과 압축에서 동일할 때, 이 방법이 성립하며, 이것을 Masing의 가설[5] (Masing's hypothesis)이라 부른다. 주철(☞전편) 등을 제외한 일반 재료에 대해 일반적으로 잘 성립하여 많이 사용된다.

히스테리시스곡선을 그릴 때, 위에서 설명한 바와 같이, 처음으로 하중이 부하되는 부분은 원칙적으로는 정적 응력-변형률곡선을 사용해야 하나, 되풀이 응력-변형률곡선만이 얻어져 있을 때에는, 이것을 이용하는 경우가 많다. 대체로 피로수명 계산에 크게 영향을 미치지는 않는다.

[되풀이 응력-변형률 곡선 예측식- Morrow의 제안 Morrow's suggestion]

되풀이 응력-변형률 곡선은 실험적으로 얻어야 하나, 그다지 쉽지가 않다. 따라서 이것을 예측하는 방법이 Morrow[6])에 의해 제안되고 있다.

식 (6)을 2로 나누면 다음 식이 얻어진다.

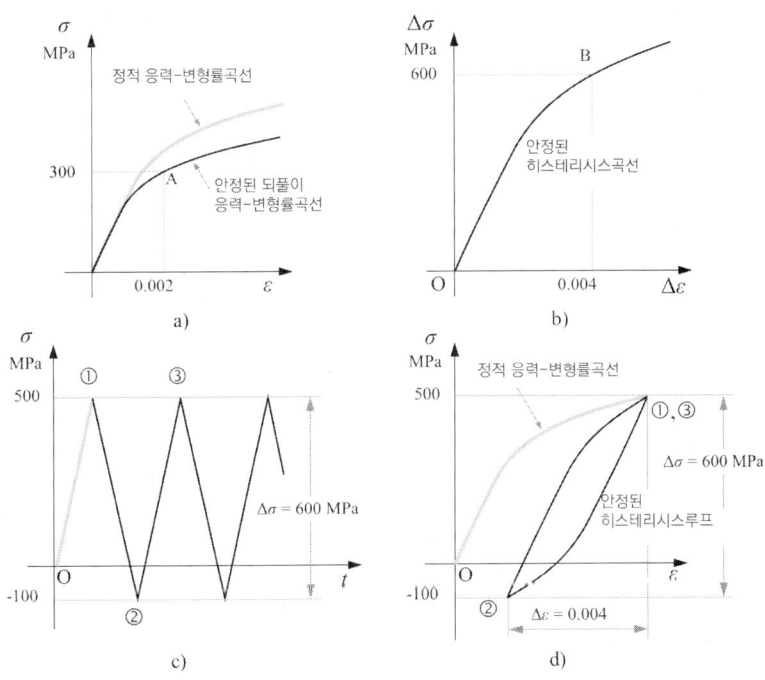

그림 4 Masing의 가설에 의한 히스테리시스 루프의 작성

$$\frac{\Delta\varepsilon}{2} = \frac{\Delta\varepsilon_e}{2} + \frac{\Delta\varepsilon_p}{2}$$
$$= \frac{\Delta\sigma}{2E} + \left(\frac{\Delta\sigma}{2K'}\right)^{1/n} \quad (7)$$

식 (7)과 앞의 식 (1)을 비교해 보면 다음 식이 성립할 것이다.

$$\frac{\Delta\sigma}{2} = \sigma'_f (2N_f)^b ,$$

$$\left(\frac{\Delta\sigma}{2K'}\right)^{1/n'} = \varepsilon'(2N_f)^c$$

이 두 식이 성립하기 위해서는

$$K' = \frac{\sigma'_f}{(\varepsilon'_f)^{n'}}, \quad n' = \frac{b}{c} \quad (8)$$

이 필요하다. 식 (8)의 관계를 이용하여, 변형률-수명곡선이 얻어지면 이로부터 되풀이 응력-변형률 곡선을 예측할 수가 있을 것이다.

이것이 Morrow의 제안(Morrow's suggestion)이다. 잘 맞지 않는다는 보고도 있으나, 다른 대안이 없을 때 비교적 많이 사용된다[7].

1) 鎌田敬雄, "変動ひずみ条件下の低繰返し数疲れに関する研究," 大阪大学 学位論文, 1969-11, p.56.
2) R.W. Landgraf, J. Morrow and T. Endo, "Determination of the Cyclic Stress-Strain Curve," Journal of Materials, Vol.4, pp.176-188, 1969.
3) C.E. Jaske, H. Mindlin and J.S. Perrin, "Cyclic Stress-Strain Behavior of Two Alloys at High Temperature," ASTM STP519, pp.13-27, 1973.
4) ASTM Designation E646-16: Standard Test Method for Tensile Strain-Hardening Exponents (n-Value) of Metallic Sheet Materials, Annual Book of ASTM Standards, Section 3, Volume 03.01, 2016.
5) G. Masing, "Eigenspannungen und Verfestigung beim Messing," Proceedings of the Second International Congress for Applied Mechanics, Zurich, Switzerland, 1926, pp.332-335. (in German) (소장하고 있지 않음).
6) J.D. Morrow, "Cyclic Plastic Strain Energy and Fatigue of Metals," ASTM STP 378, pp.45-87, 1965.
7) J.H. Song, C.Y. Kim, and J.H. Park, Expert Systems for Fatigue Life Predictions, Nova Publishers, 2017, pp.114-116.

[ㄹ]

랜덤하중에서의 피로평가
Fatigue assessment under random loading

랜덤하중(☞전편)은 하중진폭(☞전편)과 하중되풀이속도(☞전편)가 동시에 복잡하게 변동하는 하중을 말한다. 따라서 하중파형을 작성하기 쉽지 않으며, 결과 해석도 간단하지 않아 랜덤하중에 관한 연구를 수행할 수 있는 연구소 또는 연구자는 전 세계에서도 그다지 많지 않았다. 컴퓨터가 발달하여 랜덤하중 파형작성이나 결과 해석이 훨씬 쉬워진 현재도 랜덤하중을 사용하는 연구는 매우 적다.

이전에도 현재도 하중되풀이속도에 관해서는 그 범위가 대단히 넓어 반드시 그 영향을 평가하지 않으면 안 되는 경우를 제외하고는, 랜덤하중 전체를 하나의 되풀이속도로 다루는 것이 일반적이다. 이와 같이 하중진폭만이 변동하는 하중을 **변동하중**(☞진편)이라 하고, 그중에서도 하중이 복잡하게 변동하는 하중을 **스펙트럼하중**(☞전편)이라 한다. 보통 랜덤하중이라 할 때 스펙트럼하중을 말하는 경우가 많다. 또한 실제 비행하중을 이용하는 경우도 랜덤하중이라 하기도 한다.

이러한 경우의 랜덤하중에서의 피로문제는 변동하중에서의 피로문제와 거의 비슷하게 생각하면 좋으며, 특히 **균열발생수명**(☞전편)에 대해서는 **저되풀이수피로**(☞전편)와 **고되풀이수피로**(☞전편) 모두에 관해서 본 책의 내용을 그대로 참고하여 좋을 것이다. 여기서는 균열진전에 관해서 약간 상세하게 설명하기로 한다.

[균열진전]

랜덤하중 파형을 계속 발생시키면서 시험하는 것은 어렵기 때문에 적당한 길이의 랜덤하중 파형을 되풀이하여 시험하는 것이 일반적으로, **하중파형 사이클계산법**(cycle counting method) (☞전편)이 확립되기 전까지는 랜덤하중에서의 균열진전은 랜덤하중파형 1블록당 진전하는 균열길이를 기준으로 재료비교 등 평가하는 경우[1]가 많았다.

한편 랜덤하중의 중요한 파라미터로 root mean square(☞전편), rms가 있어 이를 이용한 연구[2]도 많다. 랜덤하중은 크고 작은 진폭의 하중사이클이 복잡하게 나타나므로 하중간섭에 의해 균열진전 **지연**(☞전편) 또는 균열진전 **가속**

(☞전편)이 복잡하게 일어날 가능성이 있으나, 서로 상쇄하는 효과가 작용하는 탓인지 의외로 균열진전속도가 rms로 어느 정도 잘 정리되는 경우[3]도 있다.

랜덤하중에서의 균열진전에 관해서 하중파형 사이클계산법이 확립되어 레인플로법(rainflow counting) (☞전편)을 사용하는 것이 좋고, 그 외 하중간섭효과(☞전편)를 고려하는 여러 균열진전 모델이 현재까지 많이 제안되고 있으나, 그 중에서도 균열닫힘(☞전편)을 고려하는 모델이 알기 쉽고 사용하기 쉬운 면이 있다. 관련 연구로는 일본 오사카(Osaka)대학의 Kikukawa교수팀, Kaist의 송지호-김정엽팀의 계통적인 연구 결과가 있다. 그 중요한 내용과 Kikukawa 등이 제안한 균열진전 예측법에 관해서는 문헌 4)에 상세하게 설명되어 있다. 참고하면 매우 도움이 될 것이다.

또한 랜덤하중을 포함한 복잡한 변동하중에서의 피로균열진전을 누구나 쉽게 평가할 수 있는 전문가시스템[5](☞전편)이 개발되어 있으므로 이용하면 좋을 것이다.

---

1) J. Schijve, F.A. Jacobs and P.J. Tromp, "Crack Propagation in Aluminum Alloy Sheet Materials under Flight Simulation Loading," NLR-TR 68117U, National Aerospase Laboratory, The Netherlands, 1968.
2) H. Kitagawa, S. Fukuda, and A. Nishiyama, "Fatigue Crack Growth in Steels under Random Loading Considering the Threshold Condition," Proceedings of ICM, Kyoto, 1972, Vol.II, pp.508-515.
3) J.B. Chang, "Round-Robin Crack Growth Predictions on Center-Cracked Tension Specimens under Random Spectrum Loading," ASTM STP 748, pp.3-40, 1981.
4) 송지호, 김정엽, 기초피로강도론, 지식과 감성, 2016, pp. 668-655.
5) J.H. Song and C.Y. Kim, Expert Systems for Fatigue Crack Growth Predictions Based on Fatigue Crack Closure, Springer, 2022.

로드셀 Load cell

인장시험(☞전편), 피로시험(☞전편) 등을 포함하여 하중(☞전편)을 측정할 필요가 있는 경우가 많다. 이런 경우에 하중의 크기를 측정 가능한 양, 예컨대 가장 간단한 것으로는 눈금, 그 외 여러 편리한 양으로 바꾸어 주는 기구(器具, device)를 사용하는 것이 일반적이다. 이와 같이 하중 또는 힘(☞전편)을 측정 가능한 양으로 나타내어 주는 변환기(transducer) 또는 감지요소(sensor)를 총칭하여 역사적으로 로드셀(load cell)이라 부르고 있다고 생각하면 좋다. 따라서 로드셀을 하중변환기(load transducer) 또는 하중센서(load sensor)라 부르기도 한다. 특히 근래에는 하중을 측정 가능한 전기 신호로 바꾸어 주

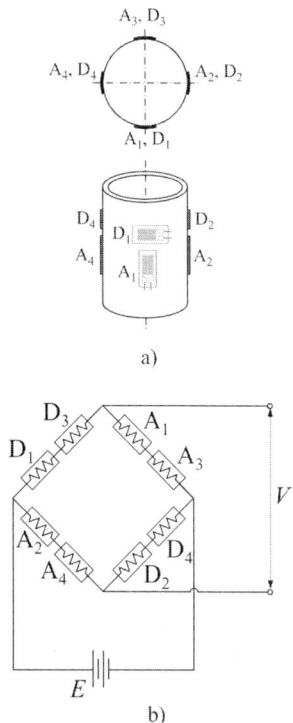

그림 1 간단한 축하중용 로드셀의 예

는 변환기를 로드셀이라 정의하는 경우도 있으나, 역사적으로 전기 신호와 관련이 없는 로드셀도 많으므로, 바른 정의가 아니다. 물론 근래의 로드셀은 거의 전기 신호를 이용하는 것들이다.

미국시험재료학회(☞전편)(ASTM(☞전편))규격에서는 로드셀 대신에 <u>힘변환기</u>(force transducer)라는 용어를 사용하고 있다[1].

로드셀을 제작하는 회사가 세계적으로 비교적 많아, 각종 용도의 것들이 시판되고 있어, 쉽게 구매하여 사용할 수 있다.

역사적으로 로드셀에는 여러 형태(type)의 것이 있으며, 로드셀 제작회사 카탈로그나 Wikipedia 등에도 소개되고 있기도 하다. 그중 많은 것이 **스트레인게이지**(☞전편)를 이용하는 타입(type)이다. 스트레인게이지를 이용하여 **변형률**(☞전편)을 측정하는 통상적인 방법을 이용하고 있다고 생각하면 된다.

따라서 필요한 경우 로드셀을 쉽게 제작하여 사용할 수도 있다. **축하중**(☞전편)을 측정하기 위한 가장 간단한 형태의 로드셀로는 그림 1a)와 같은 비교적 얇은 두께의 중공(中空, hollow)형 원통에 스트레인게이지를 부착하여 사용하는 방법이다.

스트레인게이지 매수를 여러 가지로 할 수 있으나, 그림 1a)의 예는 이전 일본 오사카(Osaka)대학의 Kikukawa(菊川)교수가 스트레인게이지 8장을 사용한 예로, 그림 1b)와 같이 **휘트스톤 브리지 회로**(☞전편)를 구성하여, 출력을 $2(1+\nu)$ (여기서 ν는 **포아송비**(☞전편))배로 함과 동시에, 로드셀에 발생할 수 있는 **굽힘응력**(☞전편) 성분을 제거하여, 더욱 정확한 하중 측정을 하고 있다. 상세한 내용에 관해서는 전 사전[2]의 스트레인게이지 브리지 회로 - 4장 게이지 회로(☞전편)를 참고하면 좋을 것이다.

또한 이렇게 8장의 스트레인게이지를 사용하면, 브리지 회로의 입력전압 E를 높일 수 있어, 신호의 잡음에 대한 비율, 즉 S/N비(☞전편)가 좋아지는 이점도 있다.

로드셀에 작용하는 하중과 스트레인게이지의 출력은 비례해야 하므로, 로드셀 및 스트레인게이지는 **선형탄성**(☞전편) 범위 내에서만 **변형**(☞전편)할 필요가 있으며, 또한 모두 **피로특성**(☞전편)도 좋을 필요가 있다. 이 두 조건만을 만족하면 로드셀로는 어떠한 재료도 가능하나, 장기간 사용되므로 녹이 쓸지 않는, 부식에 강한 **내식성(耐蝕性)** 재료가 좋을 것이다. 형태로는 원통형으로 하는 경우, 비교적 얇은 두께의 중공(中空, hollow)형으로 하는 것이 좋다. 중공형이 아닌 경우보다 지름이 커져, **좌굴(buckling)강도**(☞전편)가 높아지는 효과가 있다.

축하중 이외의 하중에 대해서도 필요하면 간단한 재료역학 또는 고체역학의 지식을 이용하여 로드셀을 직접 설계 제작하여 사용할 수 있다.

---

1) ASTM E467-08 (Reapproved 2014): Standard Practice for Verification of Constant Amplitude Dynamic Forces in an Axial Fatigue System, Annual Book of ASTM Standards, Section 3, Vol.03.01, 2016.
2) 송지호, 박준협, 김정엽, 이학주, 재료피로파괴·강도 용어사전, 교보문고, 2011.

[ㅁ]

물체(物體)-고체(固體), 유체(流體), 기체(氣體)
Body-solid, liquid, and gas

물체(body)는, 어떤 공간을 차지하고 질량(mass)을 가진 것이라 정의할 수 있으며, 여기서 질량(mass)이란 물체를 이루고 있는 물질의 양이라 간단히 정의해 두면 좋을 것이다.

물체는 그 상태에 따라 크게 고체, 액체, 기체로 나눌 수 있다.

고체(solid)란, 특별히 지지하거나 힘(☞전편)을 작용시키지 않아도 주어진 일정한 형태를 유지하고 있는 물체를 말하며, 액체(liquid)란, 일정한 부피(definite volume)는 있으나 일정한 모양(fixed shape)이 없어, 용기에 따라 형태가 결정되는 물체로, 어떠한 형태를 유지하기 위해서는 힘의 작용이 필요한 물체이다. 한편 기체(gas)란, 일정한 모양과 부피를 갖지 않은 물체로, 어떠한 형태의 용기라도 그 속을 가득 채우는 물체이다.

미소균열 Micro small crack

미소균열(micro small crack)이란 미시적으로 작은 균열을 말한다. 가끔 짧은 균열(☞전편) 중의 하나인 미시조직학적 짧은 균열(☞전편)을 말할 때도 있으나, '짧은'은 2차원적이며, '작은'은 3차원적이다. 보통 육안보다는 현미경으로 잘 판별할 수 있는 크기의 균열로, μ(마이크론)단위의 균열까지를 말한다. 미소균열에 대한 피로특성에 대해서는 미시조직학적 짧은 균열(☞전편)을 참고하면 좋을 것이다.

미시관찰용 측정기기
Measuring instruments for microscopic observations

피로손상(☞전편)이나 피로파괴(☞전편) 기구(mechanism)의 내용을 알고 위해 피로하중(☞전편)을 받는 물체의 표면이나 내부를 미시적으로 관찰하려는 연구가 이전부터 많이 이루어져 왔다. 여기서는 먼저 미시관찰용 현미경에 대해 설명해 보기로 한다.

광학용 현미경으로도 미시적 관찰이 가능하나 제조 회사에서는 최고 배율이 수천 배라고 선전하지만, 일반적으로 광학 현미경의 경우 최고 배율은 약 1,000배 정도가 한계가 아닌가 한다. 피로연구에 사용되는 더 높은 배율의 현미경으로 전자현미경이 있다. 여러 종류가 있다.

[전자현미경]

 가속된, 높은 전압의 전자빔을 진공 중에서 시료에 투과시키거나 겉을 훑어 관찰 또는 측정하는 현미경이다. 피로연구에 많이 사용되나 단점은 진공 중에서 사용된다는 점이다.
 투과형전자현미경(transmission electron microscope, TEM)과 주사형전자현미경(scanning electron microscope, SEM)이 유명하다.

1) 투과형전자현미경(transmission electron microscope, TEM)

 투과형전자현미경은 가속된 전자빔이 시료를 통과했을 때 시료를 통과한 전자를 이용하여 이미지를 만든다. 전자빔이 통과할 수 있도록 박막의 시료를 제작할 필요가 있다. 박막의 두께는 사용하는 투과형현미경 작동전압에 의존하여 매우 고전압인 경우는 수 0.1mm로 가능하며 저전압인 경우 100nm이하 정도가 아닌가 한다.
 특히 피로연구로는 과거 피로 시험편 내부 또는 피로균열 선단에 발생하는 전위구조에 관한 것이 많았다. 투과형현미경의 경우 배율보다는 분해능으로 말하는 경우가 많으며, 피로연구의 경우 격자간 거리 정도의 분해능, angstrom(10^{-10}m) 정도로 충분할 것이다.
 근래 투과형전자현미경은 피로연구에는 잘 사용되지 않는다. 박막 시료를 작성하기 힘들기 때문이다. 대신에 다음에 설명하는 주사형전자현미경이 많이 사용되었다.

2) 주사형전자현미경(scanning electron microscope, SEM)

 가속된 전자빔이 시료 표면에 부딪혔을 때 발생하는 2차 전자를 이용하여 이미지를 얻는다. 시료를 별도로 작성하지 않아도 되는 간편함이 있다. 배율은 매우 높을 수 있으나 진공도에 많이 의존하기 때문에, **피로파면**(☞전편)의 경우 10,000배 정도를 사용하면 보통 스트라이에이션(striation)(☞전편)은 관측, 측정이 가능하다. 근래 더 높은 고해상, 고배율의 **전계방출 주사형전자현미경**(field emission scanning electron microscope)이 개발·시판되고 있어 사용되고 있다. 분해능 0.8nm, 배율은 200만 배가 가능하다고 되어 있다. 주사형전자현미경은 투과형전자현미경과 달리 박막의 시료를 작성할 필요가 없이 시료 표면을 직접 관찰할 수 있어,

주사형전자현미경안에 직접 **피로시험기**(☞전편)를 설치하여 피로시험을 수행하면서 표면을 그 장소에서(in situ) 관찰하는 연구가 미국의 Southwest Research Institute의 Davidson-Lankford 팀 그리고 일본의 오사카(Osaka) 대학의 Kikukawa-Jono 교수 팀이 비교적 많이 수행한 적이 있다. 그 외에도 여러 연구자가 있다.

그러나 전자현미경은 고진공 상태에서 관찰하기 때문에 전자현미경 속에서 관찰하는 경우 현상이 실제 상황과는 많이 다른 점이 있다. 진공 상태에서는 산화와 같은 현상은 일어나지 않아 진공 상태에서는 **균열선단**(☞전편) 균열표면이 서로 용착하는 현상이 나타날 수가 있다. 따라서 전자현미경 속에서 관찰한 **균열진전속도**(☞전편)는 실제 대기 중의 균열진전속도보다 늦어질 가능성이 있으며, 균열진전 기구(mechanism)도 다를 수가 있다. 이러한 점을 잘 고려하여 전자현미경 속에서 관찰한 결과를 해석할 필요가 있다.

대기 중에서 미시적 관찰이 가능한 현미경으로 원자간력 현미경(atomic force microscope, AFM)이 있다.

[원자간력 현미경(AFM)]

시료의 표면과 탐침(probe)사이에 작용하는 원자간력($力$, 힘)을 검출하여 화상을 얻는 현미경이다.

원자간력은 모든 물질에 작용하므로 절연성물질 시료측정이 가능하며, 대기 중 액체 속에서 여러 환경에서 자연에 가까운 상태로 측정이 가능하다. 분해능은 탐침의 선단반경(nm정도)에 의존하고, 현재 원자레벨의 분해능이 실현되고 있다.

외팔보(☞전편)의 선단에 부착한 예리한 탐침을 사용하여 시료표면을 훑거나 또는 탐침과 시료표면 사이를 일정 간격을 유지하며 시료표면을 주사하여, 그때의 외팔보의 상하방향의 변위를 계측하여 시료표면 형상을 측정한다.

1990년대부터 현재까지 원자간력 현미경을 사용한 피로연구가 많이 수행되어 왔으며, 특히 표면에 발생한 피로손상 또는 진전하는 피로균열의 선단부근의 **미끄럼선**(☞전편)의 형태 등 많은 유익한 결과를 얻고 있다. 많은 논문이 발표되고 있으므로 필요하면 참고로 하면 좋을 것이다.

현미경은 아니나 이전부터 결정체의 상황을 측정하는 방법인 X선 회절법(X-ray diffraction technique)이 피로연구에 많이 사용되어 왔으며, 일본 재료 학회에는 관련 부문 위원회노 있다. 잠깐 소개하기로 한다.

[X선 회절법(X-ray diffraction technique)]

X선을 다결정체(☞전편)에 조사하면 X선은 산란하게 되고 그 산란된 X선 중에는 간섭 효과에 의해 강해지는 현상이 일어난다. 이 현상을 회절(☞전편)현상이라 하고, 이 회절현상을 이용하여 미소영역에서의 결정 미세화, 국소영역에서의 잔류응력(☞전편) 등 결정 소성(☞전편)에 관한 정보를 얻는 방법이 X선 회절법(X-ray diffraction technique)이다. 피로손상이나 피로균열 진전 기구에 대한 연구에 많이 사용되었으며, 많은 논문이 발표되고 있다.

근래 X선 회절법과 비슷한 방사광CT를 사용한 연구가 대형 방사광시설을 갖고 있는 나라에서 수행되고 있다.

[방사광 X선 CT법 (X-ray CT technique using synchrotron radiation)]

대형 방사광시설에서는 매우 높은 고휘도(高輝度)의 방사광을 얻을 수 있다. 이 고휘도 방사광을 이용한 방사광 CT라 불리는 고분해능 비파괴 관찰방법이 있다. 피로과정의 전위(☞전편) 구조, 피로에 의한 내부 균열의 발생, 진전, 결함으로부터 발생하는 피로균열 등에 관한 연구가 있다.

이상 이 외에도 미시적 관찰을 위한 여러 방법이 있을 것이나, 이상 설명한 방법이 현재까지 많이 사용해 온 방법이다. 각 방법의 상세한 내용은 인터넷에서 쉽게 찾을 수 있으므로 필요하면 참조하면 좋을 것이다.

[ㅂ]

베이즈 정리 Bayes' theorem

Thomas Bayes(1701-1761)의 이름을 따서 만들어진 이론으로, 현재의 주관적인 신념이 새로운 증거가 나타났을 때 어떻게 변하는가를 나타내는 이론이라 생각해 두면 좋을 것이다. 많은 사람들이 이 이론에 관해 해설하고 있으며 인터넷 상에도 관련 기사가 많다. 여기서는 Dieter의 Engineering Design[1]을 주로 참고하기로 했다.

기본식은 다음과 같이 얻어진다. 지금 근본적으로 개념이 서로 다른 두 가지 현상, A와 B가 있고, A가 일어날 확률을 $P(A)$, B가 일어날 확률을 $P(B)$라 하자. A와 B가 동시에 일어날 확률을 $P(AB)$로 나타내면, $P(AB)$는 다음과 같이 나타낼 수가 있을 것이다. 즉 A가 일어날 확률 $P(A)$에, A가 일어난 상태에서 B가 일어날 확률 즉 $P(B|A)$를 곱한 값으로, 또는 B가 일어날 확률 $P(B)$에, B가 일어난 상태에서 A가 일어날 확률 즉 $P(A|B)$를 곱한 값으로, 다음과 같이 나타낼 수가 있을 것이다. 즉,

$$P(AB) = P(A)P(B|A) \\ = P(B)P(A|B) \quad (1)$$

여기서 $P(B|A)$와 $P(A|B)$를 <u>조건부 확률</u>(conditional probability)이라 하며, $P(B|A)$는 A가 일어난 상태에서 B가 일어날 확률을 나타내며, $P(A|B)$는 B가 일어난 상태에서 A가 일어날 확률을 나타낸다.

식 (1)의 오른쪽 두 식으로부터

$$P(A|B) = \frac{P(B|A)P(A)}{P(B)} = \frac{P(AB)}{P(B)} \quad (2)$$

와 같은 식이 얻어진다.

식 (2)는 다음과 같이 해석할 수가 있다.

지금 A라는 현상은 잘 알려져 있어, 현재 그것이 일어날 확률 $P(A)$도 잘 알려져 있다고 하자. 이 $P(A)$와 같이 현재 이미 잘 알려진 확률을 일반적으로 <u>사전확률</u> (事前確率, prior probability)이라 한다. 지금 A와는 다른 B라는 현상 또는 B라는 어떤 정보가 새로이 나타나고, 이 B가 일어날 확률 $P(B)$가 알려지고 또한 A가 일어난 상태에서 B가 일어날 조건부 확률 $P(B|A)$, 또는 A와 B가 동시에 일어날 확률 $P(AB)$가 존재한다고 하면, B가 일어났을 때 A가 일어날 확률은 이미 잘 알려진 사전확률 $P(A)$와는 다를 가능성이 있고, 그

새로운 확률은 식 (2)와 같이 생각할 수가 있다는 것이다.

B라는 현상이 있을 경우의 A에 대한 확률을 나타내는 식 (2) 좌변의 $P(A|B)$를 특히 **사후(事後)확률 (posterior probability)**이라 한다.

B라는 현상이 있을 경우의 A에 대한 $P(A|B)$, 즉 사후(事後)확률은, B가 일어날 확률 $P(B)$에 대한 A와 B가 동시에 일어날 확률 $P(AB)$의 비율이라고 기억해 두면 편리할 것이다.

식 (2)는 다음과 같이 일반화해서 사용하면 편리하다.

지금 A 이외의 모든 현상을 A^*라 하고 A와 A^*가 동시에 일어나는 일은 없으며 A나 A^*, 둘 중에 하나만 나타난다고 하면, A와 A^*는 이른바 상호 **배타적이며 상보적 (complementary)**인 관계로 다음과 같은 식이 성립한다.

$$P(A)+P(A^*)=1 \quad (3)$$

B라는 현상이 일어날 확률 $P(B)$는 다음과 같이 생각할 수도 있다. 즉 A가 일어나고 동시에 B가 일어날 확률, $P(B|A)P(A)$와 A가 일어나지 않고 그 상태에서 B가 일어날 확률, $P(B|A^*)P(A^*)$을 더한 확률이라 생각할 수도 있다. 이것을 이용하면 식 (2)는 다음과 같이 나타내어진다.

$P(A|B)$
$$= \frac{P(B|A)P(A)}{P(B|A)P(A)+P(B|A^*)P(A^*)} \quad (4)$$

A와 A^*를 합한 현상이 A_1, A_2, $\cdots$, A_j로 이루어지고 있다고 하면 식 (3)은 다음과 같이 나타내어진다.

$$P(A_1)+P(A_2)+\cdots+P(A_k)$$
$$= \sum_{j=1}^{k} P(A_j) = 1 \quad (5)$$

따라서 식 (4)는 다음과 같이 된다.

$$P(A_i|B) = \frac{P(B|A_i)P(A_i)}{\sum_{j} P(B|A_j)P(A_j)} \quad (6)$$

식 (6)으로부터, 사후확률 $P(A_i|B)$라는 것은, 확률 $P(B)$에서 A_i 현상이 점유하고 있는 비율이라는 것을 알 수가 있다.

예-1) 어떤 엔진의 중요 부품을 지금까지 **철강재료**(☞전편)로 제조하고 있었으나, 경량화 등을 위해 새로운 금속 재료 티탄합금을 사용하거나 세라믹재료도 사용하고 있다고 하자. 현재 그 사용 비율은 각각 0.8, 0.15 및 0.05라 하자. 한편 각 재료로 제작된 부품이 결함이 있을 확률은, 철강재료의 경우는 오랜 기술 축적으로 낮아 1% 수준이며, 티탄합금의 경우는 개발이 더 필요한 2% 수준, 세라믹의 경우는 개발 중이어서 좀 높아 3% 수준이라 하자. 지금 그 엔진 부품에 결함이 발견되었다고 하면, 그것이 철강재료일 확률(사후 확률)은 얼마인가? 이 사후 확률은, 엔진 부품이 실제 철강재료로 제조되어 있을 확률이 얼마가 되는가를 묻는 것과 같다.

해답) 재료를 A 현상이라 보고, 철강, 티탄합금, 세라믹을 각각 A_1, A_2, A_3 라 하면,

$P(A_1) = 0.8$,
$P(A_2) = 0.15$,
$P(A_3) = 0.05$.

'결함이 있다'라는 현상을 B라 하면, 철강, 티탄합금, 세라믹 각 재료의 결함이 있을 확률은 다음과 같다.

$P(B|A_1) = 0.01$,
$P(B|A_2) = 0.02$,
$P(B|A_3) = 0.03$.

결함이 발견되었을 때의 철강재료에 대한 사후 확률은 식 (6)으로부터 다음과 같이 얻어진다.

$P(A_1|B)$
$= \dfrac{P(B|A_1)P(A_1)}{P(B|A_1)P(A_1) + P(B|A_2)P(A_2) + P(B|A_3)P(A_3)}$

$= \dfrac{0.01 \times 0.8}{0.01 \times 0.8 + 0.02 \times 0.15 + 0.03 \times 0.05}$
$= \dfrac{8 \times 10^{-3}}{8 \times 10^{-3} + 3 \times 10^{-3} + 1.5 \times 10^{-3}}$
$= \dfrac{8}{12.5} = 0.64$

부품에 결함이 발견되었다는 정보가 있으면, 부품이 철강일 확률은, 지금까지 생각하고 있던 전체 점유율 0.8보다는 훨씬 적은 0.64가 된다는 것이 된다.

한편 티탄합금의 경우는

$P(A_2|B)$
$= \dfrac{0.02 \times 0.15}{0.01 \times 0.8 + 0.02 \times 0.15 + 0.03 \times 0.05}$
$= \dfrac{3}{12.5} = 0.24$

세라믹의 경우는

$P(A_3|B)$
$= \dfrac{0.03 \times 0.05}{0.01 \times 0.8 + 0.02 \times 0.15 + 0.03 \times 0.05}$
$= \dfrac{1.5}{12.5} = 0.12$

가 되어, 각각 0.15에서 0.24로, 그리고 0.05에서 0.12로 증가하는 형태가 된다.

베이즈 정리는 의사결정을 할 때 잘 사용되는 이론이다. 인터넷 사이트에 재미있는 예가 많이 있다.

예-2) 코로나 감염자 비율이 1%이라 하고, 실제 감염자를 양성으로 정확하게 판정할 확률이

98%, 감염되지 않은 사람을 음성으로 정확하게 판정할 확률이 95%(즉 감염되지 않은 사람을 양성으로 잘못 판정할 확률이 5%), 검사 결과 양성 판정이 나왔으면 실제 감염되었을 확률은?

해답) 감염된 확률을 A라 하면 사전확률 $P(A) = 0.01$, 감염되지 않을 확률을 A^*라 하면 사전확률 $P(A^*) = 0.99$, 감염자의 양성 확률 $P(B|A) = 0.98$, 비감염자의 양성 확률 $P(B|A^*) = 0.05$이므로

$$P(A|B)$$
$$= \frac{0.01 \times 0.98}{0.01 \times 0.98 + 0.99 \times 0.05}$$
$$= \frac{9.8 \times 10^{-3}}{9.8 \times 10^{-3} + 4.95 \times 10^{-2}}$$
$$= \frac{9.8 \times 10^{-3}}{5.93 \times 10^{-2}} = \frac{9.8}{59.3}$$
$$= 0.165$$

실제 감염될 확률은 16.5%가 된다.
감염률이 2%이면 28.57%, 감염률이 4%이면 44.95%가 된다. 감염률이 10%이면 감염률이 68.53%가 되어 매우 높아진다.

---

1) G.E. Dieter, Engineering Design, 2nd Edition, McGraw Hill, 1991, pp.464-466.

변동하중에서의 피로평가
Fatigue assessment under variable loading

변동하중(☞전편)에서의 피로문제를 다룰 때에는 저되풀이수피로(☞전편), 고되풀이수피로(☞전편), 피로균열진전(☞전편), 세 영역으로 나누어 생각하는 것이 합리적이다. 변동하중에서 중요한 하중파형 사이 클계산법(cycle counting method)(☞전편)에 관해서는 세 영역 모두에서 레인플로법(rainflow counting)(☞전편)을 사용하는 것이 좋다. 이하에서는 각 영역에 대한 평가법에 관해서 설명하기로 한다.

[저되풀이수피로]

저되풀이피로에서는 변동하중에서 하중변동에 의한 영향이 거의 없는 것으로 되어 있어 통상적인 저되풀이수피로수명 평가(☞전편) 방법을 사용하면 충분하다.

[고되풀이수피로]

고되풀이피로에서는 변동하중에서 하중변동에 의한 영향이 매우 크므로 이를 충분히 고려할 필요가 있다. 하중변동의 영향, 즉 하중간섭효과(☞전편)에 관해서는 많은 연구 결과가 있으며, Miner 법칙의 수정(☞전편)이란 형태로 정리되어 있다. 그중에서도 Kikukawa-Jono-Song의 수정곡선(☞전편)을 이용

하면 고뇌풀이피로에서의 하중간 섭효과를 합리적으로 평가할 수 있다.

특히 저되풀이피로 및 고되풀이피로에서의 변동하중에서의 피로평가에 관해서는 상세히 설명한 문헌[1]이 있으며 또한 전문가시스템(☞전편)이 개발[2]되어 있으므로 이용하면 좋을 것이다.

[피로균열진전]

피로균열진전의 경우에도 변동하중에서 하중변동에 의한 영향이 매우 크므로 이를 충분히 고려할 필요가 있다. 변동하중에서의 균열진전의 특징(☞전편), 변동하중에 대한 균열진전모델(☞전편)에 관한 연구도 많이 이루어져, 유익한 결과도 많이 얻어지고 있다. 변동하중에서의 **피로균열진전**(☞전편), 피로균열진전모델 및 예측법에 관해서 상세히 설명한 문헌[3]이 있으며 전문가시스템 또한 개발[4]되어 있으므로 이용하면 좋을 것이다.

---

1) 송지호, 김정엽, 기초 피로강도론, 지식과감성, 2016, pp.556-615.
2) Ji-Ho Song, Chung-Youb Kim and Jun-Hyub Park, Expert Systems for Fatigue Life Predictions, NOVA Science Publishes, 2017.
3) 송지호, 김정엽, 기초 피로강도론, 지식과감성, 2016, pp.616-662.
4) Ji-Ho Song and Chung-Youb Kim, Expert Systems for Fatigue Crack Growth Predictions Based on Fatigue Crack Closure, Springer, 2022.

변위계 變位計 Extensometer

저되풀이수피로 시험(☞전편)에서는 일반적으로 **변형률**(☞전편)을 제어하여 시험할 필요가 있으며, 이외에도 재료의 **피로**(☞전편)거동을 관찰하기 위해서는 **변형**(☞전편)거동을 측정할 필요가 있다. 변형이나 변형률을 측정하는 가장 일반적인 방법으로는 변형률을 직접 측정할 수 있는 **스트레인게이지**(☞전편)를 재료나 시험편에 직접 접착하여 사용하는 방법이 있다. 그러나 스트레인게이지는 한 번 접착하면 다시 떼어 내어 사용할 수 없으므로, 이 방법은 스트레인게이지를 이른바 1회용으로 사용하는 방법, 즉 접착하여 사용 후 버리는 방법이 된다. **피로시험**(☞전편)과 같이 비교적 많은 시험편을 사용하여 시험을 수행할 필요가 있는 경우에는, 시험편마다 일일이 스트레인게이지를 접착하여 1회용으로 사용하는 방법은, 스트레인게이지가 그리 가격이 저렴한 것이 아니므로 비경제적일 뿐만 아니라, 더욱 중요한 것은 사용하는 스트레인게이지의 특성이나 접착 상태가 모든 시험편에 대해 엄밀하게 동일하고 올바르지 않으면 측정 결과에 많은 오차(☞전편)가 발생할 수 있다는 문제점이 있다.

따라서 피로시험에서는 스트레인게이지를 직접 시험편에 접착하여 사용하는 방법보다는, 시험편

상의 적당한 2점 사이의 변위(☞ 전편)를 검출할 수 있는 기구를 사용하여 변위를 측정하여 이로부터 변형률이나 변형 거동을 평가하는 방법이 많이 사용된다. 변위를 검출하는 기구를 총칭하여 **변위계(extensometer)**라 한다.

변위계는 되풀이 사용할 수 있는 착탈형(着脫形)으로 제작되므로 사용상 간편하며 모든 시험편에 대해 측정 조건이 동일하게 되어 편리하다.

변위계는 필요에 따라 연구자가 손수 설계 제작하여 사용하는 경우도 많으나, 피로시험기 제조회사가 상품화하여 시판되고 있는 것도 적지 않다.

변형률제어 피로시험에 사용되는 변위계의 구조의 예가 ASTM E606/E606M[1])에 소개되어 있어 참고하면 좋을 것이다.

변위계의 구조 원리로는 크게 다음과 같이, 변위에 의해 변위계 구성 요소에 발생하는 변형률을 이용하는 방법과 변위계 구성 요소의 변위를 직접 이용하는 방법, 두 가지로 분류할 수가 있을 것이다.

```
┌ 변위계 구성요소의 변형률 이용
│   - 스트레인게이지 이용
└ 변위계 구성요소의 변위 이용
    - 차동변압기 변위계
    - 용량형 변위계
```

[변위계 구성요소의 변형률을 이용하는 방법]

가장 간단한 예로는 그림 1a)과 같이 변위계를 얇은 판으로 보(☞ 전편) 형태로 구성하여 사용하는 방법이다. 예컨대 인장하중(☞ 전편)에 의해 시험편이 변형하여 시험편상의 두 점 AB 사이의 거리가 늘어나는 형태로 A'B'와 같이 변화하면, 즉 두 점 A, B가 벌어지는 형태로 변위하면, 변위계의 구성 요소인 보는 그림 1b)와 같이 변형하게 된다.

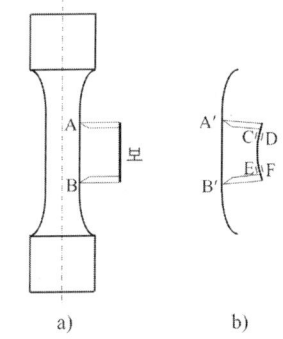

그림 1 변위계 구성요소의 변형률을 이용하는 방법의 예

이 때 변위계의 C, D, E, F 지점은 크게 휘어져 비교적 큰 변형률이 발생하므로, 이들 지점에 스트레인게이지를 접착하여 그 변형률을 검출하면, 이 변형률과 비례 관계에 있는 두 점 AB 사이의 변위를 측정할 수 있게 된다. 검출되는 변형률과 두 점 AB 사이의 변위가 비례 관계가 되기 위해서는 변형률

을 검출하는 지점의 변형은 **선형탄성**(☞전편)변형 범위 내에서 변형할 필요가 있다. 변위계를 그렇게 설계하면 된다.

현재 세계적으로 대표적인 피로시험기 제조 회사가 상품화하여 시판하고 있는 변위계는 대체로 이런 형식의 것이 많다고 보면 좋다.

변위계를 직접 설계, 제작하여 사용하려 하는 경우에 참고되도록 몇 가지 지적해 두면 다음과 같다.

변위계 구성 요소가 되는 보 재료로서는, **비례한도**(☞전편)가 높고, 즉 **인장시험**(☞전편)에서 응력(☞전편)과 변형률이 선형(직선)관계를 유지하는 응력의 최대치가 높고, 같은 응력에 대해 변형률이 큰, 즉 **탄성계수**(☞전편)가 작은 재료가 일단 바람직하다. 다만 보 재료는 **되풀이응력**(☞전편)을 계속 받는 형태가 되므로 **피로강도**(☞전편) 특성이 좋은, 특히 **피로한도**(☞전편)가 높을 필요가 있다. 또한 장기간 사용되므로 녹이 쓸지 않는, 부식에 강한 내식성(耐蝕性) 재료가 좋다. 이러한 특성을 지닌 재료로, 가격이 비교적 높지 않으며 구하기도 비교적 쉬운 것으로는 **베릴륨 동(beryllium copper)**이 있다. 한편 피로시험기 제조 회사가 상품화하여 시판하고 있는 변위게에는 디딘합금과 같은 고급 재료가 사용되고 있는 것으로 알려져 있다.

변위계의 보 요소에 접착하는 스트레인게이지에 관해서도 피로특성을 잘 고려하지 않으면 안 된다. 경우에 따라서는 보 재료의 피로특성보다 스트레인게이지의 피로특성이 좋지 않을 수 있어, 이러한 경우에는 변위계의 설계 조건이 스트레인게이지의 피로특성에 의해 결정되게 된다.(☞전편)(☞스트레인게이지→스트레인게이지의 선택)

변위계는 시험편 표면에 고정하여 사용하게 되며, 그림 1과 같은 형식의 경우에는 시험편 표면에 잘 고정되어 미끄러지지 않도록, 변위계가 시험편에 접촉하는 부분을 그림에 보이는 바와 같이 **칼날(knife edge)** 형태로 만드는 경우가 많다. 이러한 경우에는 변위계가 접촉하고 있는 시험편 표면에서 균열이 발생할 가능성이 있으므로 특히 주의해야 한다.

변위계는 이른바 **평활시험편**(☞전편) 뿐만 아니라 **파괴인성**(☞전편) 시험이나 **피로균열진전**(☞전편) 시험에도 사용되며, 이들 경우에는 그림 2의 C(T)시험편(compact tension specimen)(☞전편)의 예와 같이, 시험편의 적당한 위치에 변위계를 끼워 놓을 수 있는 **탈착형(脫着形) 칼날 (attachable knife edge)** 등을 부착하여 사용한다. 이와 같이 시험편에 끼워 놓고 사용하는 변위계를 특히 **클립온게이지(clip-on gage)**라 한다.

그림 2에 보이는 바와 같은

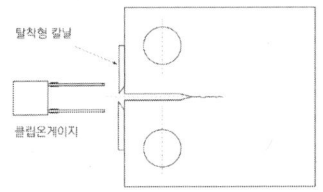

그림 2 C(T)시험편용 변위계-클립온게이지의 모식도

C(T)시험편용 클립온게이지는 피로시험기 제조 회사가 여러 종류 상품화하여 시판하고 있어 쉽게 입수할 수 있으나, 그림 3과 같은 중앙균열시험편(M(T)시험편)(middle tension specimen)(☞전편)에 사용할 수 있는 클립온게이지는 적당한 것이 시판되고 있지 않아, 몇몇 연구자들이 손수 설계, 제작하여 사용한 예들[2,3]이 있다.

그중, 그림 4는 송-김이 제작하여 사용한, 중앙균열시험편용 클립온게이지의 예[3]로, 시험편 중앙 원공 노치(☞전편) 부분에 끼워 사용하는 형식으로, 사용하기 편리하고 감도(☞전편)도 $3{,}000 \times 10^{-6}$/mm로 좋은 편이다.

게이지 보 요소 재료로는 베릴륨 동을 사용하고 있으며, 초기 압축(☞전편)변위는 4.4mm, 변위 측정 범위는 1mm이다. 이 클립온게이지는 피로에서의 균열닫힘현상(☞전편) 관련 연구[4-6]에 성공적으로 광범위하게 사용되었다.

[**변위계 구성요소의 변위를 이용하는 방법**]

시판되고 있는 **차동변압기**(linear variable differential transformer, LVDT) (☞전편)를 이용하여 변위계를 제작하는 경우와 **용량형변위계**(capacitance type extensometer) (☞전편)가 대표적인 예가 된다.

차동변압기 변위계의 경우는 차동변압기의 철심(ferrite core)의 이동 변위를 이용하는 방법으로 여러 형태의 변위계가 가능하다. 위에서 언급한 ASTM E606/E606M[1]에도 하나의 예가 제시되고 있다.

Kikukawa 등은 저되풀이수피로시험용으로 차동변압기 변위계를 제작, 사용하였으며[7], 이 변위계는 모래시계형 시험편(☞전편)의 지름의 변화를 측정하는 방식이다. 소형 차동변압기 4개에 의해, 원주

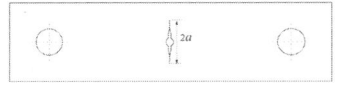

그림 3 중앙균열시험편

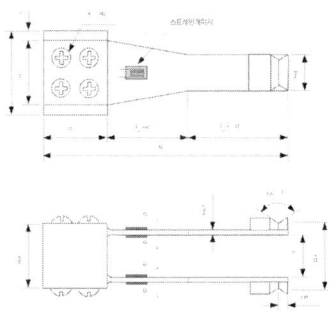

그림 4 송-김의 중앙균열시험편용 클립온게이지[3]

상에서 90° 간격으로 4점의 변위를 검출하고, 90° 다른 위치의 두 지름의 변화를 측정하여, 평균값을 사용하고 있다. 이렇게 하면 시험편 단면 형상이 엄밀하게 진원(眞圓, true circle)이 아닌 경우, 이에 의한 오차를 줄일 수가 있다.

차동변압기 변위계는 폐루프 유압서보(closed loop hydraulic-servo) 피로시험기(☞전편)의 액추에이터(actuator, 하중을 주기 위해 유압실린더와 피스톤으로 이루어진 장치)의 피스톤의 위치 검출 및 제어용으로도 많이 사용된다.

차동변압기의 상세 내용에 관해서는 전 사전(☞전편)[8]의 해당 항목(☞차동변압기)을 참조하면 많은 것을 알 수 있다.

용량형변위계는 전기의 용량, 이른바 콘덴서(condenser) 또는 커패시터(capacitor)(☞전편)를 구성하는 두 개의 전극판의 상대적 변위를 이용하는 방법으로, 상세 내용은 해당 항목(☞전편)(☞용량형변위계)에 잘 설명되어 있다. Kikukawa 등이 고되풀이수(☞전편) 피로시험용으로 제작하여 사용한 용량형변위계의 예[9]가 있다. 두 전극판의 간극의 변화를 이용하는 형식으로, 구체적으로는 4개의 전

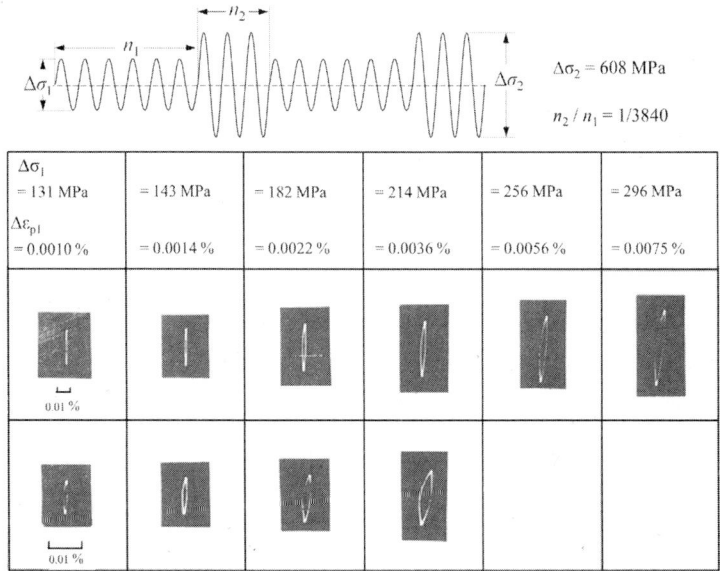

그림 5 용량형변위계에 의한 매우 작은 되풀이 소성변형률폭 측정 예[10]

극판으로 2개의 콘덴서를 구성한 변위계로, 변위에 의해 한쪽 콘덴서의 용량이 증가하면 다른 한쪽 콘덴서의 용량은 감소하는 형식, 즉 푸시풀(push-pull) 형식으로, 이렇게 함으로서 출력이 배가 되고 선형성(☞전편)도 좋아진다.

그림 5에 보이는 바와 같이, 0.001%의 매우 작은 되풀이 소성변형률폭(☞전편)을 측정하고 있다[10].

그림 6은 송-김이 박막 시험편의 피로시험용으로 제작한 용량변위계의 예[11]로, 원통형 변위계이다. 원통형으로 변위 작동 범위는 400μm이며, 사용한 측정 장치로 감도는 최종적으로 11.3mV/μm, 선형성도 0.13%로 좋다[12].

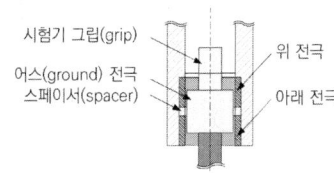

그림 6 면적형 용량형변위계의 예[11]

두 전극판의 면적의 변화를 이용하는 방법이다. 역시 푸시풀(push-pull) 형식으로 되어 있다. 면적형 용량변위계이므로 선형성이 좋은 장점이 있다.

용량형변위계의 상세 내용에 관해서는 전 사전[8]의 해당 항목 (☞전편) (☞용량형변위계)을 참조하면 많은 것을 알 수 있다.

1) ASTM E606/E606M-12: Standard Test Method for Strain-Controlled Fatigue Testing, Annual Book of ASTM Standards, Section 3, Volume 03.01, 2016.
2) 菊川真, 城野政弘, 近藤良之, "ランダムを含む定常変動荷重下の疲労き裂開閉口挙動とき裂進展速度の推定法," 日本機械学会論文集(A編), Vol.49, pp.278-285, 1983.
3) 김정엽, 송지호, "중앙균열 피로시험편용 변위게이지의 설계, 제작과 활용," 대한기계학회논문집 A권, Vol.26, pp.415-427, 2002.
4) C.Y. Kim and J.H. Song, "Fatigue Crack Closure and Growth Behavior under Random Loading," Engineering Fracture Mechanics, Vol.49, pp.105-120, 1993.
5) Y.I. Chung and J.H. Song, "Improvement of ASTM Compliance Offset Method for Precise Determination of Crack Opening Load," International Journal of Fatigue, Vol.31, pp.809-819, 2009.
6) C.Y. Kim, J.M. Choi, and J.H. Song, "Fatigue Crack Growth and Closure Behavior under Random Loadings in 7475-T7351 Aluminum Alloy," International Journal of Fatigue, Vol.47, pp.196-204, 2013.
7) 菊川真, 大路清嗣, 鎌田敬雄, 城野政弘, "変動ひずみ条件下の低繰返し数疲れ," 日本機械学会誌, Vol.70, pp.1495-1509, 1967.
8) 송지호, 박준협, 김정엽, 이학주, 재료피로파괴·강도 용어사전, 교보문고, 2011.
9) 菊川真, 大路清嗣, 城野政弘, "動電形引張圧縮ランダム疲労試験装置とこれによる実験例," 材料, Vol.17, pp.135-144, 1968.
10) 宋智浩, 実働荷重下の疲れにおける疲れ限度以下の応力による繰返し塑性ひずみ挙動と累積損傷, 大阪大学, 1973(昭和48年) - 12.
11) C.Y. Kim, J.H. Song, and D.Y. Lee,

"Development of a Fatigue Testing System for Thin Films," International Journal of Fatigue, Vol.31, pp.736-742, 2009.
12) Y. Hwangbo and J.H. Song, "Fatigue Life and Plastic Deformation Behavior of Electrodeposited Copper Thin Films," Materials Science and Engineering A, Vol.527, pp.2222-2232, 2010.

[ㅅ]

실물피로시험
Full scale fatigue testing

실제 기기나 구조물의 **피로강도**(☞전편)를 평가할 때 가능하면 실물을 직접 **피로시험**(☞전편)하는 것이 가장 좋을 것이다. 실물에 대해 피로시험하는 것을 **실물시험** 또는 **실물피로시험**(full scale fatigue testing)이라 한다. 그러나 모든 것에 대해 실물피로시험하는 것은 여러 이유에 의해 어려우므로 부품 등을 실험실 시험으로 대체하는 것이 일반적이다. 그래도 매우 중요한 구조물에 대해서는 이전부터 실물피로시험을 수행해 왔으며, 근래에는 실물시험에 필요한 여러 장비 등이 많이 개발되어, 부분적으로 실물피로시험을 하는 경우가 증가하고 있다.

실물피로시험이라고 하면 엄밀하게는 실제 가동하중(service load)하에서 실물에 대해 시험하는 것을 말하나, 하중은 실제 가동하중이 아니나, 시험 대상이 실물인 경우 **실물피로시험**이라고 하는 경우도 있다.

실물피로시험하면 항공기가 대표적이다. 상세한 내용에 관해서는 제조사의 비밀도 있어 명확하지 않으나 대체로 다음과 같은 내용이다. 주요 항로에서 얻어진 가동하중을, 기체의 상당히 많은 부위에 하중액추에이터(load actuator)로 부하하여 기체의 가장 약한 부위에 균열이 발생하면 그곳을 보강하고 다시 부하하여 다음 약한 부위에 균열이 발생하면 다시 그곳을 보강하는 식으로, 기체가 파손될 때까지 계속하는 것이다. 보통 항공기 3대를 실물피로시험을 하여 1대가 완전히 파손할 때까지 시험한다는 것이다.

근래는 편리한 원격측정장치(telemetry)가 많이 개발되어 실제 가동하중 측정이 쉬워지고, 하중시뮬레이터(load simulator)도 시험기 제조 회사에서 제작, 판매하고 있어, 특히 자동차 차체의 실물시험도 많이 수행되고 있다.

이전에도 자동차의 주요 부품에 대해서는 실물시험이 비교적 많이 이루어지고 있었다.

이러한 실물시험의 성과도 있어 자동차의 경우 안전계수가 거의 1로, 10년 내외의 사용기간 내에 **피로파손**(☞전편)하는 예는 거의 찾아볼 수 없게 되었다.

이와 같이 실물피로시험을 하면 **안전성**(☞전편) 확보에 매우 유리하나, 매우 높은 비용이 문제가 된다. 실물시험은 높은 비용 때문에 하중 크기를 달리하며 시험을 수행하여 S-N곡선(☞전편)과 같은 결과는 얻기는 어려워, 이러한 의미에서는 피로시험은 아니며, 사용 기간 중에 파손(☞전편)하지 않도록 하는 일종의 보증 시험의 성격에 가깝다고 할 수가 있다.

실제하중 Service loads

실제 기기나 구조물에 실제로 작용하는 하중(☞전편)을 실제하중(service load)이라 한다. 실제하중은 실제 기기나 구조물에 적당한 하중측정기구를 부착하여 측정한다. 정지되어 있는 물체의 측정은 비교적 간단하나, 움직이거나 회전 등 운전하는 물체의 측정은 그다지 쉽지 않다. 그래도 안전(☞전편)이 중요한 항공기 등의 실제하중 데이터는 일찍부터 얻어져 피로시험(☞전편)에 적극적으로 사용되어 왔다. 특히 항공기의 경우 비행 시뮬레이션(flight simulation) 하중이라 하여 실물피로시험 또는 랜덤피로시험(☞전편)에 많이 사용되어 왔다.

근래 원격측정장치(telemetry)가 많이 개발 판매되어 자동차 등의 실제하중 데이터도 많이 축적되어 실제시험 등에 사용되고 있다. 자동차의 실제하중으로는 약간 편집되고는 있으나 미국자동차학회(Society of Automotive Engineers, SAE)의 suspension, bracket, transmission에 대한 실제하중이 유명하며, 복합하중(complex load)에 대한 피로(☞전편) (fatigue under complex loading)[1] 연구에 사용되어 유명하다.

이전부터 유럽에서는 설계 단계에서의 피로수명평가(☞전편) 또는 피로수명시험(☞전편) 등에 실제하중을 사용할 수 있도록 기기별로 실제하중에 매우 유사한 표준변동하중(standard stress-time history)(☞전편)을 개발하여 이용하고 있다. 그 하중 중에는 수송기 날개 하중, 전투기 날개 하중, 헬리콥터 로터 하중, 전투기 저온부 엔진 디스크 하중, 전투기 고온부 엔진 디스크 하중, 해양 구조물 하중, 강 재료용 압연기 구동 하중, 수평축 풍력 터빈 하중, 복합 재료에 대한 환경의 영향을 고려한 전투기 날개 하중, 자동차 부품 하중이 있다.

이들 하중의 상세 내용과 이들을 이용한 피로균열진전(☞전편) 시험 결과가 문헌 2)에 있으며, 거기에는 미국 보잉757과 767 제트 수송기의 표준변동하중에 대해서도 별도로 소개[3]하고 있다. 실제하중을 생각할 때 이들 문헌을 참고하면 좋을 것이다.

---

1) R.M. Wetzel, Editor "Fatigue under Complex loading: Analyses and

Experiments," the Society of Automotive Engineers, 1975, pp. 15-39.
2) ASTM STP 1006: Development of Fatigue Loading Spectra, 1989.
3) K.R. Flower and R.T. Watanabe, "Development of Jet Transport Airframe Fatigue Test Spectra," ASTM STP 1006, pp.36-64,1989.

[ㅇ]

요소(要素), 구성요소 (構成要素), 부재(部材)
Element, component, member

피로(☞전편)를 다룰 때에, 또는 고체역학에서, 대상에 대해 요소 또는 구성요소 혹은 부재라는 용어를 사용하는 경우가 있다. 각 용어에 대해 정리해 두면 편리할 것이다.

요소(element)라고 하는 것은 물체를 구성하는 일부분으로, 대체로 해석이나 문제의 대상이 되는 최소 단위의 것, 더 이상 분해할 수 없거나 분해하여 다룰 필요가 없는 것을 말한다고 생각해 두면 좋다. 화학 문제에서의 원소(元素)가 좋은 예이나, 고체역학에서는 응력해석에서 대상으로 하는 미소요소로부터 시작하여, 보(☞전편)(beam) 구조물에서의 보 요소와 같이, 대상으로 하는 문제에 따라 치수나 크기가 넓은 범위에 걸쳐 변할 수가 있다.

구성요소(component)라고 하는 것은, 분해할 수 있는 사물을 분해했을 때 분해되는 요소를 말한다고 생각해 두면 좋을 것이다. 대표적인 예로는 벡터(☞전편)에서, 그것을 예컨대 x와 y축 방향 성분으로 나누었을 때의 x축 성분과 y축 성분이 구성요소가 된다. 기계에서는 기계를 구성하고 있는 부품들을 말한다고 생각해 두면 좋을 것이다.

부재(member)라고 하는 것은, 특히 구조물에서 많이 사용되는 용어로, 같은 용도 또는 같은 형태의 구성요소라 생각해 두면 좋을 것이다. 대표적인 것으로 트러스가 있으며, 이 트러스들이 트러스 구조의 교량(다리, bridge)의 구성요소들이 된다.

트러스(truss)라고 하는 것은, 하중(☞전편)을 지지하는 구조물로서 직선 형태의 구성요소(부재)들로 이루어진 것으로, 부재들은 각 끝점에서 연결되어, 축하중(☞전편)만을 받는 형태가 되어 있는 구조물을 말한다.

항공기 동체는 많은 얇은 판 등을 이어 만들어진 구조로, 모든 구성요소들은 동체의 내부 압력을 지지하기 위한 것으로, 이 경우에도 부재라는 용어가 자주 사용된다.

요소, 구성요소, 부재 등을 엄밀하게 구분하여 사용하지 않은 경우도 많으나, 특별히 문제가 되는 경우는 없으므로, 신경을 쓰지 않아도 좋은 부분이기는 하나, 잘 구별해 두면 도움이 될 가능성이 많다.

이상 데이터 Outlier data

측정 데이터 중에는 다른 데이터와 차이가 많이 나는 데이터가 있는 경우가 있다. 이러한 데이터를 통계학에서는 이상(異常) 데이터(outlier or outlier data)라 한다. 이상 데이터에 관해서는 Wikipedia에 비교적 상세히 설명되어 있다.

이상 데이터가 있으면 측정 결과에 오차가 많이 발생할 가능성이 있으므로, 이상 데이터를 무언가 잘못된 원인에 의해 발생한 결함이 있는 데이터라 생각하고 이를 배제하는 경우가 있다. 이상 데이터를 배제하는 객관적 기준으로 여러 가지가 제안되고 있으나[1], 여기서는 가장 간단한 쇼베넷의 기준(Chauvenet's criterion)에 관해서 간단히 설명해 두기로 한다.

이 기준은, 데이터 중의 어떤 측정값 x_i와 데이터의 표본평균 (☞전편) $\bar{x}$와의 차이의 절대값 $\delta = |x_i - \bar{x}|$가 데이터의 표본분산(☞전편) s^2의 제곱근, 즉 표본(☞전편) 표준편차 s의 어떤 배수 $D \cdot s$이상이 될 때, 그 측정치를 이상 데이터로 판정하고 배제하는 기준이다.

이 기준은 D값을 아래 표와 같이 주는 방법이다.

측정 횟수	D
2	1.15
4	1.54
7	1.80
15	2.13
50	2.57
300	3.14
1,000	3.48

이 기준은 다음과 같은 가정을 하고 있다.

1) 어떤 양을 n회 측정했을 때, n이 충분히 커지면 측정 데이터들은 **정규분포**(☞전편)를 할 것이라 기대할 수 있다.

2) 측정 데이터 중에는 $1/n$ 보다 훨씬 작은 확률을 가지는 데이터는 나타나지 않을 것이라 생각되므로, $1/(2n)$ 보다 작은 확률을 가지는 측정 데이터는 결과에서 제외한다.

3) $(\bar{x} \pm D \cdot s)$는 $1 - 1/(2n)$의 확률을 가지는 **신뢰구간**(confidence interval)(☞전편)이 된다.

표의 D값은 위의 가정으로부터 얻어진 값으로, 정규분포에서 확률(☞전편)

$$P(\bar{X} - D \cdot s \leq X \leq \bar{X} + D \cdot s) = 1 - \frac{1}{2n}$$

를 만족하는 값이다. 위의 표에 없는 측정 횟수의 경우, 이 식으로부터 D값을 구하면 된다.

---

1) Wikipedia, "Outlier".

[ㅈ]

저되풀이수피로 균열진전평가
Low cycle fatigue crack growth assessment

저되풀이수피로(☞전편)에서는 균열발생(☞전편)이 매우 빠르다고 생각되므로 피로수명(☞전편)의 대부분은 피로균열진전(☞전편)에 의해 점유된다고 생각하는 것이 합리적이다. 따라서 많은 연구가 이루어졌고, 현재는 파괴역학 파라미터(☞전편) ΔJ-적분(☞전편)에 의해 평가하는 것이 일반적이나, 그 이전에는 보통 역학적파라미터 응력(☞전편)이나 변형률(☞전편)을 사용하는 경우가 많았다. 따라서 ΔJ-적분을 사용하기 시작한 Dowling연구[1,2](1976) 이전과 이후로 나누어 설명하는 것이 알기가 쉬울 것이다.

[Dowling연구(1976) 이전의 연구]

저되풀이수피로(☞전편)에서는 Manson-Coffin식(☞전편)이 잘 성립하므로, 이 식이 성립하도록 저되풀이수피로 균열진전(☞전편)식을 도출하는 것이 일반적이었다. Boettner 등[3]의 연구가 대표적으로 7종류의 재료에 대해 모래시계형 시험편(☞전편)을 사용하여 전변형률(☞전편) 제어 시험을 수행하고 있다. 파면상의 ripple(물결) 모양이 1사이클에 해당한다고 가정하고, ripple수로부터 되풀이수(☞전편)를 구하고 있다. l_0를 ripple이 발생하기 시작하는 균열길이, l_F를 파단(☞전편)할 때의 균열길이라 하고, 균열진전속도식을 변형률강도계수 $\varepsilon_r \sqrt{l}$ 을 사용하여 다음과 같이 나타낸다.

$$\frac{dl}{dN} = A(\varepsilon_r \sqrt{l})^n \quad (1)$$

$n \fallingdotseq 2$라 하면

$$N \cdot \varepsilon_r^2 = \frac{1}{2\sqrt{A}} \ln \frac{l_F}{l_0} = \mathrm{const}$$

Manson-Coffin식이 얻어진다.

Solomon[4]은 1018강에 대해 소성변형률(☞전편) 제어시험을 하여, 다음과 같은 진전속도식을 제안하고 있다. 균열길이 c를

c = 노치깊이 + 균열길이

라 하고

$$\frac{d \ln c}{dN} = f(\varepsilon_p)$$

$$\frac{dc}{dN} = \psi(\Delta \varepsilon_p)^\alpha \cdot c$$

$\alpha \approx 1.86$

적분을 하고 정리하면 Manson-Coffin 형식의 식이 얻어진다.

그는 유사응력강도계수(pseudo-stress intensity factor) $\Delta(PK) = E\Delta\varepsilon_p \sqrt{c}$ 에 의한 진전속도식도 검토하고 있으며, 높은 변형률 영역에서 잘 맞고 낮은 변형률 영역에서는 잘 맞지 않은 결과를 얻고 있다.

Tomkins[5,6]는 그림 1과 같이 양쪽 45°각도로 미끄럼선(☞전편) D가 있는 모델을 생각하여 균열진전을 다루고 있다.

Dugdale의 소성역 치수는

$$\frac{w}{l} = [\sec\left(\frac{\pi\sigma}{2\sigma_y}\right) - 1]$$

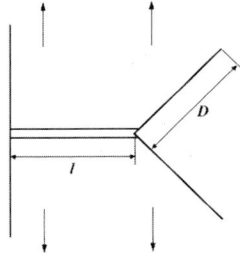

그림 1 Tomkins 모델

미끄럼선은 45°각도로 있으므로

$$D = \sqrt{2}w$$

소성변형(☞전편)에 의해 분리되는 길이를 $\delta = \varepsilon_p D$ 라 하면, 1사이클(☞전편)당 균열진전량(☞전편), 즉 진전속도는

$$\frac{dl}{dN} = \frac{\delta}{\sqrt{2}}$$

피로하중의 경우 $\sigma \to \Delta\sigma/2$, $\varepsilon_p \to \Delta\varepsilon_p$로 놓고 정리하면

$$\frac{dl}{dN} = \frac{\delta}{\sqrt{2}} = \Delta\varepsilon_p w$$

$$= \Delta\varepsilon_p [\sec(\frac{\pi\Delta\sigma}{4\sigma_y}) - 1] \, l$$

위에서 $\Delta\sigma = k\Delta\varepsilon_p^\beta$로 놓고 급수전개하고 적분하면 Manson-Coffin 형식의 식이 얻어진다.

Tomkins의 모델을 이용한 Wareing[7]의 스텐리스강에 대한 연구가 있다. 그 연구에서는

$$\log l \propto N, \quad \frac{dl}{dN} \propto l,$$

그리고 경사

$$\frac{d\log l}{dN} = \frac{1}{l}\frac{dl}{dN} \propto \Delta\varepsilon_p^n$$

의 결과를 얻고 있다. 여기서 l은 모두 표면균열(☞전편)의 표면상의 길이를 나타내고 있다. Tomkins의 모델에 의한 파라미터를 사용하면 넓은 범위에 걸쳐 정리가 잘 된다는 결론이다.

이상이 Dowling이 ΔJ-적분을 사용하여 저되풀이수피로(☞전편) 균열진전을 평가하기 이전의 연구이다.

[Dowling연구(1976) 이후의 연구]

Dowling과 Begley[1]는 A533 압력용기강을 사용하여 J적분(☞전편) 시험 평가가 비교적 쉬운 C(T)시험편(☞전편)과 봉재료로부터 제작한 소형 중앙균열시험편(☞전편)에 대해, 저되풀이수피로의 균열진전 시험을 수행하고 있다. 저되풀이수피로에서 하중일정시험을 수행하면 일방향(☞전편)소성변위가 계속 증가하여 되풀이 J적분, ΔJ(☞전편)이 별로 증가하지 않은 상태에서 시험편이 파단하고, 변위일정시험을 하면 하중이 계속 감소하여, 이 경우에도 되풀이 J적분이 별로 증가하지 않은 상태에서 시험편이 파단하게 된다. Dowling과 Begley는 되풀이 J적분이 계속 증가하는 상태에서 시험편이 파단에 이르도록 변위가 적당한 경사에 따라 증가하는 시험을 수행하여, 선형탄성(☞전편) 영역에서는 ΔK(☞전편)를 사용한 $(\Delta K)^2/E = \Delta J$가, 탄소성(☞전편)영역에서는 실험적으로 구한 ΔJ가 진전속도를 잘 나타낸다는 결과를 발표했다. 이때 균열닫힘(☞전편)을 측정하여 유효 되풀이 ΔJ-적분값을 사용하고 있다.

Dowling[2]은 같은 A533 압력용기강에 대해 봉재료로부터 제작한 소형 중앙균열시험편(☞전편)과 크고 작은 2종류의 C(T) 시험편을 사용하여 선형탄성 및 탄소성 피로균열시험을 수행하여, 넓은 영역에 걸쳐 되풀이ΔJ-적분이 균열진전속도를 잘 나타낸다는 결론을 얻고, 다른 재료에 대한 추가 연구를 권장하고 있다

또한 Dowling[8]은 같은 재료의 평활(☞전편) 축시험편을 사용하여 미소 표면균열(☞전편)의 피로균열진전 시험을 수행하여, 이 경우에도 ΔJ에 의해 균열진전속도를 잘 평가할 수 있다는 결과를 얻고 있다.

당시 표면균열에 대한 응력강도계수(☞전편)도 명확하지 않은 상태에서 미소 표면균열의 진전속도를 ΔJ로 평가했다는 것은 매우 흥미로운 일로, 그 해석 방법에 대해 잠깐 지적해 두기로 한다.

원형균열이 매몰된 경우 응력강도계수 K는

$$K = \frac{2}{\pi}\sigma\sqrt{\pi a}$$

가 되는 것을 이용하여, 반원표면균열의 경우 여기에 자유표면의 보정계수 1.12를 고려하는 방식으로 표면균열의 응력강도계수를 구하고 있다. 따라서 반원표면균열의 응력강도계수는

$$K = 1.12\frac{2}{\pi}\sigma\sqrt{\pi a} = 0.713\sigma\sqrt{\pi a}$$

가 된다.

또한 $J_{elastic}$는

$$J_{elastic} = \frac{K^2}{E}$$
$$= 0.713^2 2\pi W_e a = 3.2 W_e a$$

여기서 탄성에너지로 $W_e = \sigma^2/E$ 이다.

한편 강-소성(☞전편) 경화(☞전편)재료의 J적분 $J_{plastic}$에 대해서는 무한판(☞전편)에 중앙균열이 있는 경우의 Shih-Hutchinson[9]의 결과, 즉

$$J_{plastic} = \varepsilon_p \sigma [3.85\sqrt{n}(1-\frac{1}{n}) + \frac{\pi}{n}]a$$

여기서 n은 변형률경화지수(☞전편)이다.

$$\frac{\varepsilon_p}{\varepsilon_0} = \alpha \left(\frac{\sigma}{\sigma_0}\right)^n$$

$s = 1/n$라 놓고 본 연구에서는 $s = 0.165$를 사용하고 있다. 소성변형률에너지를 $W_p = \sigma \varepsilon_p/(s+1)$로 나타내고, 반원표면균열에 대해서는 탄성인 경우에 준하여 $0.723^{2)}$을 곱하기로 하면

$$J = J_{elastic} + J_{plastic}$$
$$= 3.2 W_e a + 5.0 W_p a$$

가 얻어진다, 이 식을 사용하여 J적분을 구하고 있다. 표면균열에 대해 정확한 평가인지는 명확하지는 않으나, 당시 이용 가능한 결과를 사용했다는 점에서 평가할 만한 것 같

다. 균열은 전응력범위에서 열려 있다고 가정하고 있다. 균열길이가 0.007in. = 0.178mm = 결정입자(☞전편)의 10배 이하에서는 균열진전속도가 좀 빠른 경향이 있다.

표면균열에 관해서는 J적분 평가에도 문제가 있으나 특히 이 연구 이후 탄소성 균열진전(고온에서의 creep(☞전편)균열 포함)에 관해서는 J적분을 사용하는 것이 일반화되어 있다.

다만 하중제어시험의 경우 일방향 소성변형이 크게 발생하므로 Ando-Ogura[10]는 ΔJ 외에 이를 고려한 최대J적분 J_{max}을 고려할 필요가 있다고 지적하고, Garwood 등[11]의 3-parameter법을 응용하여 이를 구하고, 이를 포함한 균열진전속도식을 제안하고 있다. 이외 많은 연구가 있다.

또한 탄소성 피로균열의 **변동하중**(☞전편)에서의 균열진전에 관한 ΔJ 정리의 연구도 있어 필요하면 관련 논문을 참고하는 것이 바람직하다.

---

1) N.E. Dowling and J.A. Begley, "Fatigue Crack Growth During Gross Plasticity and the J-Integral," ASTM SYP 590, pp.82-103, 1976.
2) N.E. Dowling, "Geometry Effects and the J-Integral Approach to Elastic-Plastic Fatigue Crack Growth," ASTM STP 601, pp.19-32, 1976.
3) R.C. Boettner, C. Laird and A.J. McEvily, Jr, "Crack Nucleation and Growth in High-Strain-Low Cycle Fatigue," Trans.

A.I.M.E, Vol.233, pp.379-387, 1965.
4) H.D. Solomon, "Low Cycle Fatigue Crack Propagation in 1018 Steel," Journal of Materials, Vol.7. pp.299-306, 1972.
5) B. Tomkins, "Fatigue Crack Propagation- An Analysis," Philosophical Magazine, Vol. 18, pp. 1041-1066, 1968.
6) B. Tomkins, "Fatigue Failure in High Strength Metals," Philosophical Magazine, Vol. 23, pp. 687-703, 1971.
7) J. Wareing, "Fatigue Crack Growth in a Type 316 Stainless Steel and a 20pctCr/25pctNi/Nb Stainless Steel at Elevated Temperature," Metallurgical Transactions A, Vol. 6A, pp. 1367-1377, 1975.
8) N.E. Dowling, "Crack Growth During Low-Cycle Fatigue of Smooth Axial Specimens," ASTM STP 637, pp.97-121, 1977.
9) C.F. Sih and J.W. Hutchinson, "Fully Plastic Solutions and Large Scale Yielding Estimates for Plane Stress Crack Problems," Report No. DEAP-S-14, Division of Engineering and Applied Physics, Harvard University, July 1975.
10) 安藤 柱, 小倉信和, "J積分による疲労き裂伝ぱ速度の評価," 材料, Vol. 27, pp.767-772, 1978.
11) S.J. Garwood, J.N. Robinson and C.E. Turner, "The Measurement of Crack Growth Resistance Curve (R-Curves) Using J Integral," International Journal of Fractur, Vol. 11, pp.528-530, 1975.

전문가시스템 Expert system

전문가시스템(expert system)이란 인간이 어떤 분야에 갖고 있는 전문가 지식을 컴퓨터에 지식 베이스로 저장하여 일반인도 이 전문가 지식을 이용하여 복잡한 문제에 관하여 전문가와 같이 의사 결정을 할 수 있도록 한 인공지능(artificial intelligence) 컴퓨터 소프트웨어 시스템이다. 인공지능을 Wikipedia에서는 인간의 학습 능력, 추론 능력, 지각 능력을 인공적으로 구현하려는 컴퓨터 세부 분야의 하나라고 정의하고 있다.

전문가시스템은 특히 의료 진단 시스템에 많이 사용되며, 일반 병원에서도 자가 진단 시스템으로 사용되기도 한다. 근래 인공지능 기술의 가장 활발한 응용 분야로, 그 외 모든 분야에 활용되고 있다.

정확도와 정밀도
Accuracy and precision

어떠한 대상을 측정하는 경우, 그 측정 대상의 값이 하나의 값이라 해도, 많은 횟수를 거듭하여 측정하면 측정값은 언제나 하나의 값으로 측정되지 않고, 여러 값으로 측정이 된다. 그리고 어떤 값이

다른 값에 비해 나타나는 횟수가 많거나 또는 적거나 하는 일이 일어난다. 이렇게 측정값의 크기가 고르지 않는 것을 일반적으로 흩어짐(dispersion)(☞전편)이라 하고, 측정값 x를 가로축에, 그 값이 나타나는 횟수, 보통은 전체 횟수에 대한 비율 $f(x)$를 세로축에 나타내어 보면, 그림 1과 같은 형태가 된다. 그림 1은 측정값의 흩어짐의 상태를 나타내는 것으로, 이러한 측정값의 흩어짐의 상태를 분포(分布, distribution)(☞전편)라 한다.

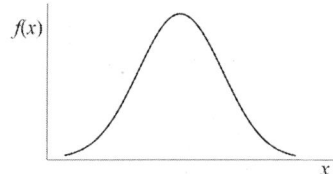

그림 1 측정값의 흩어짐과 분포

측정 대상에는 참값이 있을 것이므로, 보통 측정된 값과 참값의 차이를 오차(誤差, error)(☞전편)라 하며,

측정값 - 참값 = 오차　　(1)

오차에는 계통오차(系統誤差, systematic error)(☞전편)라 하는 치우침오차(bias error)(☞전편)와 또 하나의 우연오차(偶然誤差, random error)(☞전편)가 있으며, 이들 오차의 종류를 생각하여 그림 1의 측정값의 분포를 정리해 보면 그림 2와 같이 된다.

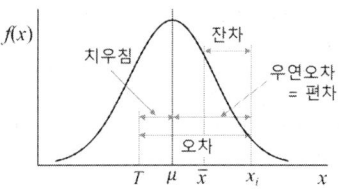

그림 2 측정값의 분포와 오차

여기서 T는 참값, μ는 측정값의 모평균(母平均, population mean)(☞전편), $\bar{x}$는 측정값의 표본평균(標本平均, sample mean)(☞전편)을 나타낸다.

그림 2에서 모평균값과 참값의 차이 ($\mu-T$)가 계통오차에 해당하며 치우침(bias)(☞전편)이라 한다. 한편 어떤 측정표본값과 모평균값과의 차이 ($x_i-\mu$)가 우연오차에 해당하며 편차(偏差, deviation)(☞전편)라 한다. 측정값 전체에 대해 계산한 편차의 제곱평균값

$$\frac{1}{n}\sum_{i=1}^{n}(x_i - \mu)^2$$

이 모집단(☞전편)의 분산 즉 모분산(母分散, population variance)(☞전편) σ^2이다. 이 모분산이 흩어짐의 정도를 나타낸다. 모분산이 커지면 그림 1에 보이는 바와 같은 분포가 가로 방향으로 퍼져 납작한 형태가 되며, 모분산이 작아지면 분포형태가 중심으로 모여 뾰족한 형태가 된다.

통계 관련 용어에 대해서는 확률통계기본용어(☞전편)을 참조하

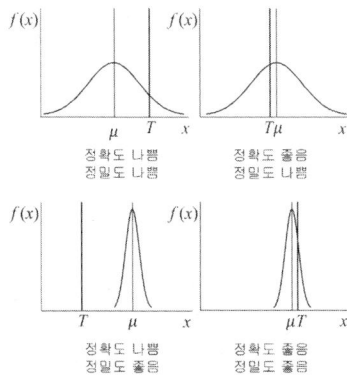

그림 3 정확도와 정밀도의 예
(T: 참값, μ: 측정값의 모평균)

면 좋다.
 측정값의 치우침의 작은 정도를 정확함이라 하고, 흩어짐의 작은 정도를 정밀함이라 하며, 이것들을 값으로 나타낸 것이 **정확도(正確度, accuracy), 정밀도(精密度, precision)**이다. 정확도와 정밀도를 정량적으로 나타내는 표시식에 대해서는 뒤에서 설명한다.
 정확도와 정밀도의 좋고 나쁜 예를 그림으로 예시하면 그림 3과 같이 된다. 다시 설명하면 치우침 즉, 참값과 모평균값이 차이가 작으면 정확도가 높은 것이며, 분포가 옆으로 퍼져 납작한 형태가 되면 정밀도가 나쁜 것이다.
 이하에서 설명하는 내용은 문헌 1)을 많이 참고하고 있다.

[정확도 표시식]
 측정 또는 측정기의 정확도는 측정값에 포함된 치우침 ($μ-T$)를 알면 평가할 수 있으나, 일반적으로 참값 T, 모평균 $μ$, 모두 모르기 때문에, 치우침

$$B = μ - T \qquad (2)$$

를 적당한 방법으로 추정하여, 그 추정되는 값 중, 어떤 한계값으로 나타내는 방법을 사용한다.
 측정은 측정기를 사용하여 측정하므로, 먼저 측정기가 참값을 나타내도록 할 필요가 있다.
 참고로 지적해 두면, 원래 참값이란 모르는 값이나, 측정분야에서는 참값을 다음과 같이 생각한다. 즉 대상이 되고 있는 양이 **모범적인 방법(exemplar method)**(☞전편), 즉 얻어진 데이터가 궁극적으로 사용될 목적에 대해 충분히 정확하다고 전문가들이 동의한 방법에 의해 측정되었을 때 얻어지리라고 생각되는 값을 참값이라 본다[2].
 이론적으로 생각되는 진정한 참값에 거의 일치하는 값을 측정할 수 있는 방법은 있을 것이며, 그 방법은 정확성과 정밀성이 매우 높은 방법으로, 누구나 쉽게 언제나 간단히 사용할 수 있는 방법은 아닐 경우가 많을 것이다. 그러나 정확성과 정밀성이 매우 높은 그 방법을 직접 사용하지 않더라도, 목적에 적합한 참값을 다음과 같이 측정할 수는 있을 것이다.

즉, 거의 진정한 참값을 측정할 수 있다고 생각되는 방법을 사용하여 적당한 대상을 측정하여, 그것을 표준시료 또는 **표준기(標準器, standard)**로 하여 사용하는 방법이다. 예컨대 파리에 있는 **미터 원기(prototype metre bar)** 등을 생각하면 좋을 것이다.

구체적으로는 진정 10mm 길이라 볼 수 있는 표준시료 또는 표준기를 만들어, 이것을 사용하는 측정기로 측정하였을 때, 정확하게 10mm로 측정하여 표시하도록 측정기를 잘 조절하여 사용하면 될 것이다.

이와 같이 표준시료 또는 표준기를 사용하여 측정기가 나타내는 값을 참값에 일치시키거나 또는 측정기가 나타내는 값과 참값의 관계를 구하는 것을 일반적으로 **교정(較正, calibration)**이라 한다. 나아가서 어떤 변수를 입력으로 하여 변화시켜, 그때 나타나는 측정기의 출력을 얻어, 입력과 출력의 관계를 구하는 것을 교정이라 하기도 한다.

이상과 같이, 사용하는 측정기를 교정하여 사용하면 언제나 정확한 측정이 가능하다는 것이 되나, 반드시 그렇지는 않고 오차가 있을 수 있다.

지금 교정을 위하여 표준시료 또는 표준기를 측정한다고 하면, 한 번의 측정으로 충분하다고는 생각할 수 없으므로, 수회 측정하여 그 평균값을 구하여 사용할 것이다. 그 평균값 즉 표본평균값을 $\bar{x}$라 하면, 이 값과 참값을 비교하여 치우침, 즉

$$\bar{x} - T = b \tag{3}$$

를 대상으로 교정하게 된다. 측정할 때마다 표본평균값 $\bar{x}$는 변할 것이므로 식 (3)의 치우침 값 b도 변하여, 위의 식 (2)에 표시한 진정한 치우침 값 B와는 반드시 일치하지는 않을 것이다. 따라서 표준시료나 표준기를 측정하여 식 (3)으로 얻어지는 치우침 값 b를 기준으로 교정하였다 해도, b값이 B값과 일치하지 않으면, 그 차이만큼의 오차가 존재하게 된다. 즉

$$B - b = \mu - \bar{x} \tag{4}$$

만큼의 오차가 존재하게 되고, 이것은 교정의 불확실성으로, 측정기의 치우침이라 생각할 수가 있다. 즉 측정기의 불확실성이다.

따라서 측정기의 정확도는 이 불확실성으로부터 평가하게 되며, 식 (4)로부터 알 수 있듯이 이 불확실성은 측정값의 모평균과 표본평균값의 차이 ($\mu - \bar{x}$)이다.

정확도는 이 차이의 값이 통계학에서 사용되는 적당한 **신뢰수준**(☞ 전편)에서 어떤 한계값보다는 작을 것이라는 가정 아래, 다음과 같이

그 한계값으로 평가한다.

일반적으로 하나하나의 측정값은 정규분포(normal distribution)(☞전편)에 따른다고 생각할 수 있으며, 그 정규분포의 모평균과 모분산을 각각 μ와 σ^2이라 하면, 측정값을 평균한 표본평균값 $\bar{x}$는 모평균이 μ, 모분산이 σ^2/n인 정규분포 $N(\mu, \sigma^2/n)$에 따른다는 것이 알려져 있다 (정규분포).

정규분포의 성질로부터

$$Z = \frac{(\bar{x} - \mu)}{\sigma / \sqrt{n}} \quad (5)$$

라는 확률변수(☞전편)는 표준정규분포(standard normal distribution)(☞전편) $N(0, 1)$에 따르게 된다.

표준정규분포에 관해서는 '정규분포(☞전편)' 항목을 참고하면 좋을 것이나, 간단히 설명해 두면 다음과 같다.

확률밀도함수가 다음 식

$$f(z) = \frac{1}{\sqrt{2\pi}} e^{-\frac{z^2}{2}}, \quad -\infty < z < \infty \quad (6)$$

으로(☞전편) 나타내어지는 분포로, 형태는 그림 4와 같다.

그림 4를 참고로, 정규분포에서는 z값이 어떠한 값 z'보다 클 확률은 그림의 빗금친 부분과 같이 나타내어지며, 식으로는 다음과 같이 쓰인다.

$$P(z > z') = p = \int_{z'}^{\infty} f(z)dz$$
$$= \int_{z'}^{\infty} \frac{1}{\sqrt{2\pi}} e^{-\frac{z^2}{2}} dz \quad (7)$$

z가 z'보다 클 확률이 p이므로, z'를 z_p로 나타내어, 'z가 z_p보다 클 확률이 p다'라고 알기 쉽도록 한다.

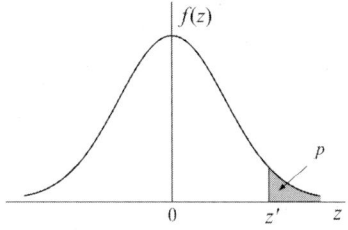

그림 4 정규분포

따라서 그림 5의 경우는 z가 $z_{\alpha/2}$보다 클 확률이 $\alpha/2$, z가 $-z_{\alpha/2}$보다 작을 확률이 $\alpha/2$라는 것을 나타낸다. 이로부터 z가 $z_{\alpha/2}$보다는 작고, $-z_{\alpha/2}$보다는 클 확률은 $(1-\alpha)$가 된다.

식으로 나타내면

$$P(-z_{\alpha/2} \leq z \leq z_{\alpha/2}) = 1 - \alpha \quad (8)$$

식 (8)의 z에 식 (5)를 대입하면

$$P(-z_{\alpha/2} \leq z = \frac{\bar{x} - \mu}{\sigma / \sqrt{n}} \leq z_{\alpha/2})$$
$$= 1 - \alpha$$

정리하면

$$P(-z_{\alpha/2}\frac{\sigma}{\sqrt{n}} \leq \mu - \bar{x} \leq z_{\alpha/2}\frac{\sigma}{\sqrt{n}})$$
$$= 1 - \alpha \tag{9}$$

이 식으로부터 정확도를 평가한다. 즉, 위에서 설명한 바와 같이, 불확실성은 측정값의 모평균과 표본평균값의 차이 ($\mu-\bar{x}$)이다. 식 (9)는 이 불확실성의 값이 절대값으로 $z_{\alpha/2}\frac{\sigma}{\sqrt{n}}$ 보다 작을 확률이 (1-α)가 된다는 것을 의미한다. 좀 다르게 생각하면, 이것은 (1-α)의 확률로 불확실성의 값 $z_{\alpha/2}\frac{\sigma}{\sqrt{n}}$ 가 언제나 ($\mu-\bar{x}$)보다는 작다는 것을 의미하기도 한다. 즉, (1-α)의 확률로 생각하면 불확실성의 최대치는 $z_{\alpha/2}\frac{\sigma}{\sqrt{n}}$ 라는 것으로, 이 이상은 되지 않는다는 것이다.

따라서 이 값을 정확도의 기준으로 삼을 수가 있다.

여기서 확률 (1-α) 또는 (1-α)×100%를 **신뢰계수**(confidence coefficient) 또는 **신뢰도** 혹은 **신뢰수준**이라 하기도 하며, 불확실성의 최대치가 되는 한계값

$$\delta_c = z_{\alpha/2}\frac{\sigma}{\sqrt{n}} \tag{10}$$

를 측정기를 ($\bar{x}-T$) 로 교정한 후의 **측정기의 정확도**라 한다.

그러나 식 (10) 중의 σ와 관련된 모분산 σ^2은 모르는 경우가 많으므로, 식 (10)을 정확도로 사용하는 경우는 거의 없다. 모분산 σ^2를 대체할 수 있는 양으로, 모분산의 **불편추정량**(unbiased estimator)(☞전편)인, 다음과 같은 **불편분산**(unbiased variance) (☞전편) V가 있다.

$$V = \frac{1}{n-1}\sum_{i=1}^{n}(x_i - \bar{x})^2 \tag{11}$$

식 (5)의 σ 대신에 $\sqrt{V}$를 사용한 다음과 같은 확률변수

$$t = \frac{\bar{x}-\mu}{\sqrt{V}/\sqrt{n}} = \frac{\sqrt{n}(\bar{x}-\mu)}{\sqrt{V}} \tag{12}$$

는 자유도가 ($n-1$)인 **t-분포**(☞전편)에 따른다.

이것은 확률변수 X가 자유도 ν의 χ^2-분포에 따르고, 이와 독립인 확률변수 Z가 표준정규분포 $N(0, 1)$에 따를 때, 확률변수

$$T = \frac{Z}{\sqrt{\dfrac{X}{\nu}}} \tag{13}$$

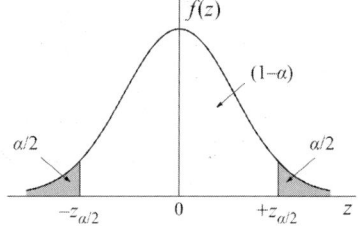

그림 5 정규분포에서의 확률표시

는 t-분포에 따른다는 특성을 이용한 것이다.
즉,

$$X = \frac{(n-1)V}{\sigma^2} \quad (14)$$

가 자유도가 $(n-1)$인 χ^2-분포(☞전편)에 따르고, 식 (5)의 Z가 표준정규분포 $N(0, 1)$에 따르므로, 이들을 식 (13)에 대입하여 식 (12)가 얻어지고 있는 것이다.

자유도가 $(n-1)$인 t-분포를 $t(n-1)$와 같이 나타낸다.

t-분포는 정규분포와 비슷한 좌우 대칭인 형태의 분포로, 확률표시는 정규분포의 그림 5와 비슷하게 그림 6과 같이 나타낸다.

식은 다음과 같이 된다.

$$P[-t_{\alpha/2}(n-1) \le t \le t_{\alpha/2}(n-1)]$$
$$= 1 - \alpha \quad (15)$$

식 (15)의 t에 식 (12)를 대입하여 정리하면 식 (9)와 비슷한 다음 식이 얻어진다.

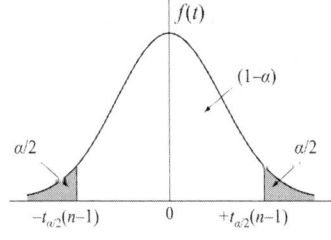

그림 6 t-분포의 확률표시

$$P[-t_{\alpha/2}(n-1)\sqrt{\frac{V}{n}} \le \mu - \bar{x}$$
$$\le t_{\alpha/2}(n-1)\sqrt{\frac{V}{n}}] = 1 - \alpha$$
$$(16)$$

결국 불확실성 $(\mu - \bar{x})$의 최대치는 $(1-\alpha)$의 확률로

$$\delta_c = t_{\alpha/2}(n-1)\sqrt{\frac{V}{n}} \quad (17)$$

라는 것으로, 이것이 통상적으로 사용되는 **정확도(accuracy) 식**이다.

측정기를 교정할 때에 사용한 표준시료 또는 표준기에 무시할 수 없는 오차가 존재하며, 그 정확도가 δ_s라 하면, 최종 정확도는 다음과 같이 된다.

$$\delta'_c = \delta_s + \delta_c \quad (18)$$

정확도를 나타낼 때의 신뢰수준 또는 신뢰도는 일반적으로 95%가 사용되나, 정밀한 측정기에서는 99%가 사용된다.

다음과 같이 표시된다.

정확도 0.5mV (95%)

일반적으로 측정기의 전 눈금값에 대한 백분율로 나타내는 경우가 많으며, 이 경우에는 **정확률(正確率)**이라 하며,

정확률 0.1% (95%)

와 같이 표시한다.

여기에서 정의되고 있는 정확도를 다시 잘 생각해 보면, 실제로는 <u>부정확도(不正確度)</u>를 나타내고 있다는 것을 알 수 있다. 따라서 지금까지의 정확도 평가 방법을 부정확도 평가 방법이라 해도 좋으며, 실제 그렇게 사용하는 경우도 있다.

[정밀도 표시식]

정밀도는 흩어짐의 적은 정도를 나타내는 것이므로, 흩어짐을 정량적으로 나타내는 대표적인 값, 분산이나 표준편차를 이용하여 표시한다.

정밀도 ε은 다음과 같이 평가한다.

$$\varepsilon = K\sigma \qquad (19)$$

K값은 우연오차 e가 $N(0, \sigma^2)$인 정규분포에 따른다는 것(☞전편)을 이용하여 다음과 같이 결정할 수가 있다.

확률변수 $Z = e/\sigma$를 생각하면, 정규분포의 특성에 따라 Z는 $N(0, 1)$인 표준정규분포에 따른다. 따라서 앞의 정확도를 평가할 때와 비슷하게, 그림 5를 참조하면, $Z = e/\sigma$값이 $(1-\alpha)$의 확률로 나타날 수 있는 값의 범위는 다음과 같이 나타내어진다.

$$P(-z_{\alpha/2} \leq z = \frac{e}{\sigma} \leq z_{\alpha/2}) = 1-\alpha \qquad (20)$$

정리하면

$$P(-z_{\alpha/2}\sigma \leq e \leq z_{\alpha/2}\sigma) = 1-\alpha \qquad (21)$$

이 식은 $(1-\alpha)$의 신뢰기준에서, e값의 최대치는 $z_{\alpha/2}\sigma$가 된다는 것을 나타내고 있다.

이로부터 식 (19)의 K값으로

$$K = z_{\alpha/2} \qquad (22)$$

로 결정하면 좋다는 것이 된다. 따라서 정밀도는 다음과 같이 된다.

$$\varepsilon = z_{\alpha/2}\sigma \qquad (23)$$

앞의 정확도의 경우와 마찬가지로 모분산 σ^2의 제곱근 σ는 모르는 경우가 대부분이므로, σ^2에 대한 불편추정량, 식 (11)의 불편분산 V의 제곱근을 사용하여 정밀도를 다음과 같이 나타낸다.

식 (14)가 자유도가 $(n-1)$인 χ^2-분포에 따르고, $Z = e/\sigma$가 $N(0, 1)$인 표준정규분포에 따르므로, 이를 식 (13)에 대입하여 얻어지는 확률변수

$$t = \frac{e}{\sqrt{V}} \qquad (24)$$

는 자유도가 $(n-1)$인 t-분포에 따른다.

이 t값이 $(1-\alpha)$의 확률로 나타날 수 있는 값의 범위는 다음과 같이 나타내어진다.

$$P[-t_{\alpha/2}(n-1) \leq t = \frac{e}{\sqrt{V}} \\ \leq t_{\alpha/2}(n-1)] = 1-\alpha \qquad (25)$$

이로부터

$$P[-t_{\alpha/2}(n-1)\sqrt{V} \leq e \leq t_{\alpha/2}(n-1)\sqrt{V}]$$
$$= 1 - \alpha \qquad (26)$$

이 식은 $(1-\alpha)$의 신뢰기준에서, e값의 최대치는

$$t_{\alpha/2}(n-1)\sqrt{V}$$

가 된다는 것을 나타내고 있다. 따라서 정밀도는 다음과 같이 나타내어진다.

$$\varepsilon = t_{\alpha/2}(n-1)\sqrt{V} \qquad (27)$$

식 (23)보다는 식 (27)을 사용하여 정밀도를 나타낸다.

[정밀도의 종류]

정밀도에는 다음과 같은 세 가지 정밀도가 있다[1].

- 되풀이 정밀도
- 재설정 정밀도
- 재현 정밀도

1) 되풀이 정밀도(repeatability precision)

같은 측정 대상을 같은 측정자가 같은 측정기, 같은 측정 주건에서, 비교적 짧은 시간 내에 많은 횟수 되풀이 측정했을 때, 각각의 측정치가 일치하는 정도를 되풀이 성(repeatability)이라 하며, 이 되풀이 성을 나타내는 정밀도를 되풀이 정밀도라 한다.

보통 정밀도라 할 때에는 이 되풀이 정밀도를 말한다.

2) 재설정 정밀도(resettability precision)

같은 측정 대상을 같은 측정자가 같은 측정기를 사용하여, 같은 측정 조건에서 측정하나, 측정 간격이 비교적 긴 경우에는, 다시 측정할 때에는 측정 대상과 측정기를 다시 고쳐 놓고 측정하는 경우가 많으며, 이러한 측정을 재설정 측정이라 한다. 이 재설정 측정에서 측정치가 일치하는 정도를 재설정 성(resettability)이라 하고, 이 재설정 성에 대한 정밀도가 재설정 정밀도이다. 재설정을 다시 하는 기간에 따라 일일(一日) 내 재설정 정밀도, 일간(日間) 재설정 정밀도, 월간(月間) 재설정 정밀도 등으로 사용한다.

3) 재현 정밀도(reproducibility precision)

같은 측정 대상을 측정자, 측정기, 측정 시기 모두를 또는 일부를 바꾸어 측정하는 것을 재현 측정이라 하며, 이 측정에서 측정치가 일치하는 정도를 재현성(reproducibility)이라 하며, 이 재현성에 대한 정밀도가 재현 정밀도이다.

[정도(精度)][1]

일본에서는 정확도와 정밀도를 합한 것을 정도(精度)라 하여 사용하는 경우가 많다. 정확도 δ와 정밀도 ε이 주어지면 정도 τ는 다음과 같이 구할 수가 있다.

$\tau = \delta + \varepsilon$ 또는

$$\tau = \sqrt{\delta^2 + \varepsilon^2} \tag{28}$$

정도는 **측정오차** 중의 계통오차와 우연오차를 합한 전체 오차가 어느 정도인가를 나타내는 지표라 생각할 수가 있다.

---

1) 日本機械學會編, 機械工學便覽 改訂第7版, B3編 計測と制御, 1987, pp. B3-10~15.
2) E.O. Doebelin, Measurement Systems: Application and Design, 4th ed., McGraw-Hill, 1990, p.38.

[ㅊ]

추정 推定 Estimation

통계학(☞전편)의 주요 목적 중의 하나는, 부분적인 자료나 정보를 토대로 전체에 대한 특성을 파악하고 예측하는 것이다. 구체적으로는 샘플링(☞전편)에 의해 어떠한 현상의 모집단(☞전편)에 대한 표본(☞전편)을 얻어, 이 표본으로부터 모집단의 확률적 특성, 즉 모집단 파라미터(모수, 母數)(☞전편)를 예측하는 것으로, 이를 통계학에서는 추정(estimation)이라 부르고 있다.

특히 모집단으로서는 정규분포(☞전편)를 주 대상으로 하는 경우가 많다. 즉, 모평균(☞전편) μ와 모분산(☞전편) σ^2의 추정이 주 대상이 된다. 이때 표본분포(☞전편)와 관련된 여러 확률분포(☞전편)가 활용된다.

여기서도 주로 정규분포의 모평균 μ와 모분산 σ^2의 추정에 관해서 설명하기로 한다.

모집단 파라미터(모수)의 추정에는 점추정과 구간추정이 있다.

- 점추정
- 구간추정

본 추정 항목에 관한 내용은 문헌 1)을 거의 참고로 하고 있다.

[점추정 point estimation]

표본으로부터 모집단 파라미터(모수)의 값, 예컨대 정규분포의 모평균 μ의 값 또는 모분산 σ^2의 값을 하나의 값으로 추정하는 것이 점추정(point estimation)이다.

모집단 파라미터(모수)를 표본으로부터 추정하므로, 그 추정값이 정확히 모집단 파라미터(모수)의 참값이 되리라는 보장은 없으며, 또한 하나의 모집단 파라미터(모수)에 대해 추정값은 여러 개가 있을 수 있으므로, 추정값이 좋고 나쁨을 가릴 수 있는 어떠한 평가 기준이 필요하다.

이러한 기준으로

1) 불편성(不偏性, unbiasedness)
2) 효율성(efficiency)
3) 일치성(consistency)
4) 충분성(sufficiency)

이라는 것이 있다.

추정값은 표본으로부터 구해지므로, 이것 또한 하나의 확률변수(☞전편)이며, 따라서 확률분포를 가지게 되므로, 추정값의 평가는 이 확률분포의 특성으로부터 판단하게 된다.
 위의 평가 기준에 관하여 간단히 설명해 두기로 하자.

1) 불편성(不偏性, unbiasedness)

 설명을 쉽게 하기 위해 편의상, 모집단 파라미터(모수), 예컨대 모평균 μ, 모분산 σ^2 등을, 일반화하여 기호 θ로 나타내기로 하자.
 이 모집단 파라미터(모수) θ를 추정하기 위해서는 표본을 얻어, 어떠한 통계량(☞전편)으로부터 추정하게 될 것이다. 이러한 통계량을 θ의 **추정량(estimator)**이라 하고, $\hat{\theta}$로 나타낸다.
 예컨대, θ로서 모평균 μ를 생각하고 이에 대한 추정량 $\hat{\theta}$로 **표본평균**(☞전편)

$$\bar{X} = \frac{1}{n}\sum_{i=1}^{n} X_i \quad (1)$$

를 생각한다고 하면 이해가 쉬울 것이다.
 추정량 $\hat{\theta}$는 표본의 확률변수를 $X_1, X_2, \cdots, X_n$이라 하면, 다음과 같이 나타내어질 것이다.

$$\hat{\theta} = \hat{\theta}(X_1, X_2, \cdots, X_n) \quad (2)$$

 실제 표본으로부터 얻어지는 통계량의 구체적인 값, 즉 추정량의 값을 **추정값(estimate)**이라 한다.
 추정량 $\hat{\theta}$는 통계량으로, 하나의 확률변수이므로, 적어도 이 추정량 $\hat{\theta}$의 **평균**, 즉 **기대치**(☞전편)가 추정하려고 하는 모집단 파라미터(모수) θ와 같아야 좋은 추정값이라 할 수가 있을 것이다.
 추정량 $\hat{\theta}$의 기대치가 모집단 파라미터(모수) θ와 같을 때, 이 추정량을 **불편(不偏)추정량(unbiased estimator)**이라 한다. 즉, $E(\hat{\theta}) = \theta$일 때, $\hat{\theta}$를 θ의 불편(不偏)추정량이라 한다. 그렇지 않는 경우, $[E(\hat{\theta}) = \theta]$를 **치우침**(편의, 偏倚, bias)이라 하고, 이때의 $\hat{\theta}$를 편의추정량(biased estimator)이라 한다.
 모평균이 μ, 모분산이 σ^2인 임의의 모집단으로부터 얻어진 표본 $X_1, X_2, \cdots, X_n$의 표본평균, 식 (1)과 **표본분산**

$$S^2 = \frac{1}{n-1}\sum_{i=1}^{n}(X_i - \bar{X})^2 \quad (3)$$

는 각각 모평균 μ, 모분산 σ^2에 대한 불편추정량으로, 다음과 같이 알 수 있다.

$$E(\bar{X}) = \frac{1}{n}\sum_{i=1}^{n} E(X_i) = \frac{1}{n}\sum_{i=1}^{n}\mu$$
$$= \frac{n\mu}{n} = \mu$$

가 되므로 $\bar{X}$는 μ의 불편(不偏)추정량.
 한편,

$$E(S^2) = \frac{1}{n-1}\sum_{i=1}^{n}E[(X_i - \bar{X})^2]$$
$$= \frac{1}{n-1}\sum_{i=1}^{n}E\{[(X_i - \mu) - (\bar{X} - \mu)]^2\}$$
$$= \frac{1}{n-1}\sum_{i=1}^{n}E[(X_i - \mu)^2]$$
$$- \frac{1}{n-1}E[\sum_{i=1}^{n}2(X_i - \mu)(\bar{X} - \mu)]$$
$$+ \frac{1}{n-1}\sum_{i=1}^{n}E[(\bar{X} - \mu)^2]$$
$$= \frac{n\sigma^2}{n-1} - \frac{n}{n-1}E[2(\bar{X} - \mu)(\bar{X} - \mu)]$$
$$+ \frac{n}{n-1}E[(\bar{X} - \mu)^2]$$
$$= \frac{n\sigma^2}{n-1} - \frac{n}{n-1}E[(\bar{X} - \mu)^2]$$
$$= \frac{n\sigma^2}{n-1} - \frac{n}{n-1}\frac{\sigma^2}{n}$$
$$= \frac{n-1}{n-1}\sigma^2 = \sigma^2$$

(4)

가 되므로

$$S^2 = \frac{1}{n-1}\sum_{i=1}^{n}(X_i - \bar{X})^2$$

가 σ^2의 불편(不偏)추정량. 표본분산으로서

$$V = \frac{1}{n}\sum_{i=1}^{n}(X_i - \bar{X})^2 \qquad (5)$$

대신에

$$S^2 = \frac{1}{n-1}\sum_{i=1}^{n}(X_i - \bar{X})^2$$

를 사용하는 이유가 여기에 있다. 식 (4)에서는 $\bar{X}$의 분산이 σ^2/n가 된다는 것을 이용하고 있다. 이 특성은 확률변수 x_i가 **정규분포** (☞전편) $N(\mu, \sigma^2)$에 따르는 경우는 물론, 정규분포가 아닌 경우에도 성립한다고 알려져 있다. 다만 그 증명은 약간 번거로우므로, 이 특성을 기억해 두는 것만으로 충분할 것이다.

위의 내용으로부터

$$S^2 = \frac{1}{n-1}\sum_{i=1}^{n}(X_i - \bar{X})^2$$

가 σ^2의 불편(不偏)추정량이라는 것을 알았다. 한편, σ^2에 대한 추정량으로

$$V = \frac{1}{n}\sum_{i=1}^{n}(X_i - \bar{X})^2 \qquad (6)$$

을 생각하면,

$$E(V) = \frac{n-1}{n}\sigma^2 \neq \sigma^2 \qquad (7)$$

이 되어,

$$V = \frac{1}{n}\sum_{i=1}^{n}(X_i - \bar{X})^2$$

는 σ^2에 대해 편의추정량(biased estimator)이라는 것을 알 수가 있다.

2) 효율성(efficiency)

불편추정량은 여러 개가 있을 수 있다.

예컨대, 모평균 μ의 추정량으로

$$\hat{\mu}_1 = \frac{X_1 + X_2 + X_3 + X_4}{4}$$

와

$$\hat{\mu}_2 = \frac{X_1 + 2X_2 + 3X_3 + 4X_4}{10}$$

를 생각하면, 이 두 추정량에 대한 기대치는 각각

$$E(\hat{\mu}_1) = \frac{\mu + \mu + \mu + \mu}{4} = \mu$$

$$E(\hat{\mu}_2) = \frac{\mu + 2\mu + 3\mu + 4\mu}{10} = \mu$$

가 되어, $\hat{\mu}_1$, $\hat{\mu}_2$ 모두 불편추정량이 된다.

이와 같이, 불편추정량이 여러 개 존재할 때, 고르는 다음 기준으로는, 앞의 1)에서는 추정량의 기대치를 생각했으므로, 다음에는 추정량의 분산을 생각할 수 있을 것이다. 즉, 추정량의 분산이 작은 것이 좋을 것이다.

분산이 작은 것이 효율성(efficiency)이 높다고 하고, 이것을 추정량으로 고른다.

$\hat{\theta}_1$, $\hat{\theta}_2$가 모두 불편(不偏)추정량일 때, $Var\hat{\theta}_1 < Var\hat{\theta}_2$이면, $\hat{\theta}_1$을 $\hat{\theta}_2$보다 효율이 좋은 추정량이라 한다. $\hat{\theta}_1$의 $\hat{\theta}_2$에 대한 **상대효율(relative efficiency)**을 다음과 같이 정의한다.

$$eff(\hat{\theta}_1, \hat{\theta}_2) = \frac{1/Var(\hat{\theta}_1)}{1/Var(\hat{\theta}_2)} = \frac{Var(\hat{\theta}_2)}{Var(\hat{\theta}_1)}$$

(8)

위의 $\hat{\mu}_1$, $\hat{\mu}_2$를 생각하면,

$$Var(\hat{\mu}_1) = Var\left(\frac{X_1 + X_2 + X_3 + X_4}{4}\right)$$
$$= \frac{\sigma^2 + \sigma^2 + \sigma^2 + \sigma^2}{4^2} = \frac{\sigma^2}{4}$$

$$Var(\hat{\mu}_2) = Var\left(\frac{X_1 + 2X_2 + 3X_3 + 4X_4}{10}\right)$$
$$= \frac{\sigma^2 + 4\sigma^2 + 9\sigma^2 + 16\sigma^2}{10^2} = \frac{3\sigma^2}{10}$$

이 되어, $\hat{\mu}_1$의 분산이 $\hat{\mu}_2$의 분산보다 작아, 효율이 좋다는 것이 된다.

상대효율은

$$eff(\hat{\theta}_1, \hat{\theta}_2) = \frac{1/Var(\hat{\theta}_1)}{1/Var(\hat{\theta}_2)}$$
$$= \frac{Var(\hat{\theta}_2)}{Var(\hat{\theta}_1)} = 1.2$$

가 된다.

정규분포에 대해서, 표본평균

$$\bar{X} = \frac{1}{n}\sum_{i=1}^{n} X_i$$

와 표본분산

$$S^2 = \frac{1}{n-1}\sum_{i=1}^{n}(X_i - \bar{X})^2$$

가 모평균 μ 및 분산 σ^2에 대해 가장 효율 좋은 불편추정량이라는 것이 알려져 있다.

3) 일치성(consistency)

추정량의 기대치와 분산을 생각하여, 추정량을 고르는 기준이 위의 1)의 불편성과 2)의 효율성이다. 이 외에 일치성이라는 것이 있다.

좋은 추정량이라 하면, 그 추정량 표본의 크기 n이 커지면 커질수록 추정하려는 모집단 파라미터(모수)의 정확한 값에 가까워질 것이다. 이러한 기준을 일치성이라 생각하면 좋을 것이다.

수학적으로는 다음과 같이 정의된다.

표본의 크기 n이 무한대로 커질 때, 모집단 파라미터(모수) θ와 이에 대한 추정량 $\hat{\theta}_n$의 차이 $|\hat{\theta}_n - \theta|$가, 어떤 충분히 작은 양 ε보다 작을 확률이 100%, 또는 ε보다 클 확률이 0%가 되는 추정량을 **일치추정량**(consistent estimator)이라 한다.

즉,

$$\lim_{n \to \infty} P(|\hat{\theta}_n - \theta| \leq \varepsilon) = 1 \quad (9)$$

또는

$$\lim_{n \to \infty} P(|\hat{\theta}_n - \theta| > \varepsilon) = 0 \quad (10)$$

를 만족하는 추정량을 말한다.

위와 같은 정의에 따라 일치추정량을 증명하는 것은 쉽지 않으므로, 일치추정량을 쉽게 알아보는 방법으로 다음 정리를 사용한다.

일치추정량에 대한 정리

표본의 크기 n이 무한대로 커질 때, 모집단 파라미터(모수) θ에 대한 추정량 $\hat{\theta}_n$가 다음과 같은 성질을 가지면 일치추정량이다.

$$\lim_{n \to \infty} E(\hat{\theta}_n) = \theta \quad \text{이고} \quad (11)$$
$$\lim_{n \to \infty} Var(\hat{\theta}_n) = 0$$

표본평균 $\bar{X} = \frac{1}{n}\sum_{i=1}^{n} X_i$가 모평균 μ에 대한 일치추정량이 되는 것은 다음과 같이 쉽게 알 수가 있다.

n에 관계없이 $E(\bar{X}) = \mu$가 되며,

$$Var(\bar{X}) = \frac{\sigma^2}{n}$$

이므로,

$$\lim_{n \to \infty} Var(\bar{X}) = 0$$

이 되어, $\bar{X}$가 모평균 μ에 대한 일치추정량이라는 것을 알 수 있다.

증명이 약간 번거로우나, 표본분산 $S^2 = \frac{1}{n-1}\sum_{i=1}^{n}(X_i - \bar{X})^2$도 모분산 σ^2에 대한 일치추정량이 된다.

4) 충분성(sufficiency)

이상 1), 2), 3)의 기준 외에 충분성이란 기준이 있다고 알려져 있다. 추정량 $\hat{\theta}$가 모집단 파라미터(모수) θ의 추정에 필요한 모든 정보를 갖고 있는지를 가늠

하는 기준으로, 내용이 어려워, 몰라도 실용상 문제가 없다.

점추정은 지금까지 설명한 기준에 근거하여 좋고 나쁨을 가리게 된다. 다음과 같이 알아두면 좋다.

모평균 μ에 대해서는 표본평균 $\bar{X} = \frac{1}{n}\sum_{i=1}^{n} X_i$, 모분산 σ^2에 대해서는 표본분산 $S^2 = \frac{1}{n-1}\sum_{i=1}^{n}(X_i - \bar{X})^2$이 불편성, 효율성, 일치성, 충분성을 지닌 좋은 추정량이다.

이러한 추정량을 사용하여, 모집단 파라미터(모수)를 추정하게 되나, 그 추정량이 어떤 특정한 값이 되는지의 여부는 검정(☞전편)을 통해서 가리게 된다.

[구간추정 interval estimation]

앞에서 설명한 가장 좋은 점추정량을 사용하여, 모집단 파라미터(모수)를 추정할 수가 있다. 예컨대, 모평균 μ에 대해서 표본평균 $\bar{X} = \frac{1}{n}\sum_{i=1}^{n} X_i$을 사용하면 된다. 실험을 하여 얻은 표본으로부터 평균을 계산하면 모평균 μ에 대한 하나의 추정값을 얻게 되나, 다시 실험을 하여 표본을 얻어 추정값을 구하면, 그 추정값은 앞의 추정값과는 다를 가능성이 높다. 실험 횟수를 늘리면 그만큼 많은 추정값이 얻어지나, 어느 추정값이 진정한 참값에 가까운지는 일반적으로 모른다.

점추정법에는 이러한 문제점이 있다는 것을 알 수 있을 것이다. 점추정값 하나를 대상으로 하기보다는, 표본의 결과로부터 얻어진 점추정값에 오차(☞전편)의 개념을 부가하여, 모집단 파라미터(모수)가 들어 있을 것으로 예상되는 구간을 추정하는 것이 합리적일 것이다. 이와 같이, 미지의 모집단 파라미터(모수)가 속할 것으로 예상되는 구간을 추정하는 것을 **구간추정**(interval estimation)이라 한다. 다시 말하면 모집단 파라미터(모수)의 참값이 포함될 가능성이 높다고 기대되는 범위를 추정하는 것이다.

구간은, 미지의 모집단 파라미터(모수) θ가 어떠한 구간 $(\hat{\theta}_l, \hat{\theta}_u)$에 포함될 **확률**을 지정하여 구한다. 일반적으로

$$P(\hat{\theta}_l \leq \theta \leq \hat{\theta}_u) = 1 - \alpha \quad (12)$$

가 되도록 $\hat{\theta}_l$과 $\hat{\theta}_u$를 표본의 결과로부터 구하여 구간을 결정한다. 여기서 α로는 주로 0.01 또는 0.05를 선택한다.

식 (12)를 만족하는 구간 $(\hat{\theta}_l, \hat{\theta}_u)$를 **신뢰구간**(confidence interval)이라 하며, $(1-\alpha)$를 **신뢰수준**(confidence level)이라 한다. 신뢰구간은 $(1-\alpha)$값

에 따라 달라지므로, 특히 신뢰수준 100(1-α)%의 신뢰구간이라 한다. 신뢰수준을 <u>신뢰도</u>라고도 부른다.

예컨대 "신뢰도 95%의 신뢰구간"과 같이 나타낸다.

$\hat{\theta}_l$를 <u>신뢰하한</u>(下限)(lower confidence limit), $\hat{\theta}_u$를 <u>신뢰상한</u>(上限)(upper confidence limit)이라고 한다.

여기서 <u>신뢰수준</u>이란 다음과 같은 의미이다.

$\hat{\theta}_l$과 $\hat{\theta}_u$를 표본의 결과로부터 구하므로, 실험을 되풀이하면, 다른 $\hat{\theta}_l$과 $\hat{\theta}_u$이 얻어져, 구간도 변할 것이다. 즉 구간도 확률변수가 된다. 예컨대 신뢰수준이 95%이라고 하는 것은, 실험을 100번 되풀이하여 100개의 구간을 얻으면, 개략 95개의 구간은 모집단 파라미터(모수) θ의 참값을 포함할 것이나, 5개의 구간은 θ의 참값을 포함하지 않을 가능성이 있다는 것이다.

한 번의 실험에 의해 ($\hat{\theta}_l, \hat{\theta}_u$)의 구간을 얻으면, 이 구간에 θ의 참값이 포함되어있는지는 알 수 없으나, 적어도 100번 실험했을 때 θ의 참값을 포함할 가능성이 있는 95개의 구간 중의 하나가 될 가능성은 높다고 생각하여, 사용하는 것이라 보면, 이해하기 쉬울 것이다.

이하에서는, 구간추정의 예에 대해서 설명하나, 모집단으로서는 정규분포를 대상으로 하기로 한다. 모집단이 다른 분포를 따르는 경우에도, 표본의 크기가 어느 정도 크면, **중심극한정리**(☞전편)에 의해, 정규분포로 근사할 수 있으므로, 정규분포에 대한 구간추정으로 일단은 충분할 것이다.

[모평균 μ의 구간추정]

앞의 점추정 부분에서 설명한 바와 같이, 모평균 μ의 가장 좋은 추정치는 표본평균 $\bar{X}$이므로, 이를 이용하여 추정하게 된다.

모분산 σ^2을 아는 경우와 모르는 경우, 두 가지가 있다.

1) 모분산 σ^2을 아는 경우

모분산 σ^2을 아는 경우에는, 정규분포의 특성으로부터, 정규분포 $N(\mu, \sigma^2)$에 따르는 모집단으로부터 얻은 표본평균 $\bar{X}$의 분포가 $N(\mu, \sigma^2/n)$의 정규분포에 따르고, 이에 대한 **표준정규확률변수**(☞전편)

$$Z = \frac{\bar{X} - \mu}{\sigma/\sqrt{n}} \tag{13}$$

가 **표준정규분포**(☞전편) $N(0, 1)$에 따른다는 특성을 이용한다.

모분산 σ^2을 알고 있으므로,

$$Z = \frac{\bar{X} - \mu}{\sigma/\sqrt{n}}$$

식 중의 미지수는 모평균 μ 하나만 임으로, 아래와 같이, 어떠한 확률값이 될 확률변수 Z의 범위를 구함으로서, 모평균 μ의 구간을 추정할 수 있다.

지금, 그림 1과 같이 표준정규분포에서, 오른쪽 끝부분과 왼쪽 끝부분 확률이 각각 $\alpha/2$가 되는 z의 경계값을 각각 $+z_{\alpha/2}$, $-z_{\alpha/2}$로 나타내기로 하면, 위의 표준정규 확률변수 Z가 $-z_{\alpha/2}$에서부터 $+z_{\alpha/2}$ 사이의 값이 될 확률은 $(1-\alpha)$가 된다. 즉,

$$P(-z_{\alpha/2} \leq Z \leq +z_{\alpha/2}) = 1 - \alpha \quad (14)$$

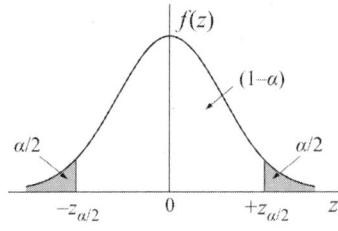

그림 1 표준정규분포에서 끝부분 $\alpha/2$의 확률을 주는 z의 경계값

$$Z = \frac{\bar{X} - \mu}{\sigma / \sqrt{n}}$$

를 위 식 (14)에 대입하면,

$$P(-z_{\alpha/2} \leq Z = \frac{\bar{X} - \mu}{\sigma / \sqrt{n}}$$
$$\leq +z_{\alpha/2}) = 1 - \alpha$$

괄호 안의 부등식을 μ에 대해서 풀면,

$$P(\bar{X} - z_{\alpha/2} \frac{\sigma}{\sqrt{n}} \leq \mu$$
$$\leq \bar{X} + z_{\alpha/2} \frac{\sigma}{\sqrt{n}}) = 1 - \alpha \quad (15)$$

과 같이, 모평균 μ의 구간이 얻어진다.

구간

$$(\bar{X} - z_{\alpha/2} \frac{\sigma}{\sqrt{n}}, \bar{X} + z_{\alpha/2} \frac{\sigma}{\sqrt{n}}) \quad (16)$$

가 모평균 μ의 $100(1-\alpha)\%$ 신뢰구간이 된다.

참고로, 식 (15)의 형식은, 겉보기상, 모평균 μ를 확률변수로 보면, μ가 확률 $100(1-\alpha)\%$로 나타날 구간이 식 (16)과 같이 된다고도 볼 수가 있을 것이다.

양측(two-sided) 신뢰구간과 단측(one-sided) 신뢰구간

식 (16)과 같이, 신뢰구간을 신뢰하한과 신뢰상한을 지정하여, 정할 수도 있으나, 신뢰하한이나 신뢰상한 하나만을 지정하여 정할 수도 있다. 신뢰구간을 신뢰하한과 신뢰상한을 지정하여, 정하는 경우를 **양측(two-sided) 신뢰구간**이라 하고, 어느 한쪽만을 다음과 같이 지정하여, 정하는 경우를 **단측(單側, one-sided) 신뢰구간**이라 한다.

$$P(\theta \leq \hat{\theta}_u) = 1 - \alpha \quad \text{또는}$$

$$P(\theta \geq \hat{\theta}_l) = 1 - \alpha \quad (17)$$

한편, 양측 신뢰구간을 사용하는 경우에도, 그림 1과 같이, 확률 α를 왼쪽과 오른쪽에 α/2씩 대칭으로 배분할 수도 있으나, 왼쪽에 α/3, 오른쪽에 2α/3과 같이 배분할 수도 있을 것이다. 배분하는 기준으로는 신뢰구간의 길이가 짧도록 하는 것이 일반적이다. 신뢰구간이 짧을수록, 추정하려는 파라미터 값의 범위가 좁아져, 더 정확한 정보를 준다고 생각되기 때문이다.

일반적으로 확률 α를 양측에 대칭으로 배분하는 것이 신뢰구간이 짧으므로, 이 방법이 주로 사용된다.

식 (16)을 보면, 모평균 μ에 대한 신뢰구간은 추정값인 표본평균 값에 **추정오차**인

$$z_{\alpha/2} \frac{\sigma}{\sqrt{n}}$$

을 더한 것이 되고 있다. 오차의 범위, 즉 신뢰구간의 길이는

$$2 \times z_{\alpha/2} \frac{\sigma}{\sqrt{n}}$$

가 된다. 이 오차 범위는 신뢰수준과 표본의 수에 따라 달라지는 것을 알 수가 있다.

위와 같이, 신뢰수준과 표본의 수가 주어져, 신뢰구간을 구하는 경우도 있으나, 역으로 통계학적으로 충분히 신뢰할 수 있는 결과를 얻기 위해서는 어느 정도의 표본 수가 필요한지를 결정하는 것이 매우 중요한 경우도 많다.

일반적으로 오차 한계를 기준으로 표본 수를 결정하는 경우가 많다.

다음과 같이 하면 된다.

모분산 σ^2을 알고, 모평균 μ를 신뢰수준 $100(1-\alpha)\%$로 구간 추정하는 경우의 **오차 한계**(error limit)는

$$z_{\alpha/2} \frac{\sigma}{\sqrt{n}}$$

이다. 이 오차 한계를 어떤 값 d 이하로 하고자 하면,

$$z_{\alpha/2} \frac{\sigma}{\sqrt{n}} \leq d \quad (18)$$

를 만족하도록 표본수 n을 결정하면 된다.

즉,

$$n \geq \left(z_{\alpha/2} \frac{\sigma}{d}\right)^2 \quad (19)$$

2) 모분산 σ^2을 모르는 경우

모분산 σ^2을 모르는 경우에는, 위의 표준정규확률변수

$$Z = \frac{\bar{X} - \mu}{\sigma / \sqrt{n}}$$

를 사용할 수가 없다. σ 대신에, 모분산 σ^2의 가장 좋은 추정치인 표본분산의 S^2의 표준편차 S를 포함하고 있는 확률변수가 있으면 좋을 것이다.

이러한 확률변수가 t-분포(☞전편)를 따르는 다음과 같은 확률변수 T이다.

$$T = \frac{(\bar{X} - \mu)\sqrt{n}}{S} \quad (20)$$

이 확률변수는 자유도가 $n-1$인 t 분포를 따른다(t-분포(☞전편)).

앞의 모분산 σ^2을 아는 경우와 마찬가지로, 그림 2와 같이 t 분포표에서, 오른쪽 끝부분과 왼쪽 끝부분의 확률이 각각 $\alpha/2$가 되는 t의 경계값을 각각 $+t_{\alpha/2}(n-1)$, $-t_{\alpha/2}(n-1)$로 나타내면, 위의 확률변수 T가 $-t_{\alpha/2}(n-1)$에서부터 $+t_{\alpha/2}(n-1)$ 사이의 값이 될 확률은 $(1-\alpha)$가 된다. 즉,

$$P[-t_{\alpha/2}(n-1) \leq T \leq +t_{\alpha/2}(n-1)]$$
$$= 1 - \alpha \quad (21)$$

이상 식에서 $t_{\alpha/2}(n-1)$의 $(n-1)$은 자유도를 나타내는 값으로 수식의 계수가 아니므로, 계산할 때 혼동하지 않도록 주의해야 한다.

식 (20)의 $T = \frac{(\bar{X} - \mu)\sqrt{n}}{S}$ 를 식 (21)에 대입하면,

$$P[-t_{\alpha/2}(n-1) \leq \frac{(\bar{X} - \mu)\sqrt{n}}{S}$$
$$\leq +t_{\alpha/2}(n-1)] = 1 - \alpha$$

괄호 안의 부등식을 μ에 대해서 풀면

$$P[\bar{X} - t_{\alpha/2}(n-1)\frac{S}{\sqrt{n}} \leq \mu$$
$$\leq \bar{X} + t_{\alpha/2}(n-1)\frac{S}{\sqrt{n}}] = 1 - \alpha$$
$$(22)$$

와 같이, 모평균 μ의 구간이 얻어진다.

구간

$$[\bar{X} - t_{\alpha/2}(n-1)\frac{S}{\sqrt{n}}, \bar{X} + t_{\alpha/2}(n-1)\frac{S}{\sqrt{n}}]$$
$$(23)$$

가 모분산 σ^2을 모르는 경우의 모평균 μ의 $100(1-\alpha)\%$ 신뢰구간이 된다.

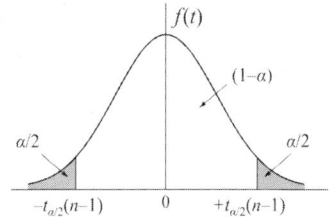

그림 2 t-분포에서 끝부분 $\alpha/2$의 확률을 주는 t의 경계값

모분산 σ^2을 모르는 경우에도, 표본수가 매우 많을 때에는, 표본분산 S^2이 모분산 σ^2와 거의 일치할 것이므로, 이러한 경우에는

모분산을 아는 경우와 동일하게 되어, 신뢰구간 식 (23)은 다음과 같이 나타낼 수가 있다.

구간

$$[\bar{X} - z_{\alpha/2}(n-1)\frac{S}{\sqrt{n}}, \bar{X} + z_{\alpha/2}(n-1)\frac{S}{\sqrt{n}}]$$
(24)

이러한 맥락에서, 보통 통계관련 서적 부록에 있는 t 분포표에서, 자유도 $\nu = \infty$일 때의 값은 표준정규분포표의 값과 일치하게 된다.

[**모분산이 같은 경우의 모평균 차이 $\mu_x - \mu_y$의 구간추정**]

각각 다른 정규분포를 따르는 두 개의 모집단에서 표본이 얻어졌다고 하고, 각각의 정규분포를 $N(\mu, \sigma_x^2)$, $N(\mu, \sigma_y^2)$라 할 때, 모분산 σ_x^2, σ_y^2값은 모르더라도, 다음과 같이 모분산의 값이 같다고 하면, 즉, $\sigma_x^2 = \sigma_y^2 = \sigma^2$이면, 아래와 같은 t 분포특성을 이용하여, 모평균의 차이 $\mu_x - \mu_y$에 대해 구간추정을 할 수 있다.

서로 독립인 확률변수 X_1, X_2, $\cdots$, X_n과 이 각각 정규분포, $N(\mu_x, \sigma^2)$, $N(\mu_y, \sigma^2)$을 따를 때,

$$\bar{X} = \frac{1}{n_1}\sum_{i=1}^{n_1} X_i$$

$$S_1^2 = S_x^2 = \frac{1}{n_1 - 1}\sum_{i=1}^{n_1}(X_i - \bar{X})^2$$

$$\bar{Y} = \frac{1}{n_2}\sum_{i=1}^{n_2} Y_i$$

$$S_2^2 = S_y^2 = \frac{1}{n_2 - 1}\sum_{i=1}^{n_2}(Y_i - \bar{Y})^2$$

라 놓으면, 정규분포의 특성(**정규분포**(☞전편))으로부터 $\bar{X} - \bar{Y}$는 정규분포

$$N\left(\mu_x - \mu_y, \frac{\sigma^2}{n_1} + \frac{\sigma^2}{n_2}\right)$$

에 따르고,

$$Z = \frac{(\bar{X} - \bar{Y}) - (\mu_x - \mu_y)}{\sqrt{\left(\frac{1}{n_1} + \frac{1}{n_2}\right)\sigma}}$$

는 $N(0, 1)$에 따른다.

한편, χ^2-**분포**(☞전편)의 특성으로부터

$$\frac{(n_1 - 1)S_1^2}{\sigma^2}, \frac{(n_2 - 1)S_2^2}{\sigma^2}$$

는 각각 자유도가 (n_1-1) 및 (n_2-1)인 χ^2-분포에 따르고, χ^2-분포의 특성으로부터

$$\chi^2(\nu) = \frac{(n_1 - 1)S_1^2}{\sigma^2} + \frac{(n_2 - 1)S_2^2}{\sigma^2}$$

는 자유도 $\nu = n_1 + n_2 - 2$인 χ^2-분포에 따른다. 따라서 t-분포의 특성으로부터

$$T = \frac{Z}{\sqrt{\chi^2/\nu}}$$

$$= \frac{(\bar{X}-\bar{Y})-(\mu_x-\mu_y)}{\sqrt{\dfrac{\left(\sqrt{\dfrac{1}{n_1}+\dfrac{1}{n_2}}\right)\sigma}{\left[\dfrac{(n_1-1)S_1^2}{\sigma^2}+\dfrac{(n_2-1)S_2^2}{\sigma^2}\right]}}}$$

$$= \frac{(\bar{X}-\bar{Y})-(\mu_x-\mu_y)}{\sqrt{(n_1-1)S_1^2+(n_2-1)S_2^2}} \times \sqrt{\frac{n_1 n_2(n_1+n_2-2)}{n_1+n_2}}$$
(25)

는 자유도가 (n_1+n_2-2)인 t-분포를 따른다.

'2) 모분산 σ^2을 모르는 경우'와 같이, 식 (25)의 확률변수 T가 앞의 식 (21), 즉 다음 식을 만족하도록 구간을 결정하면 된다.

$$P[-t_{\alpha/2}(n-1) \leq T \leq +t_{\alpha/2}(n-1)] = 1-\alpha$$

여기에 위 식 (25)

$$T = \frac{(\bar{X}-\bar{Y})-(\mu_x-\mu_y)}{\sqrt{(n_1-1)S_1^2+(n_2-1)S_2^2}} \times \sqrt{\frac{n_1 n_2(n_1+n_2-2)}{n_1+n_2}}$$

를 대입하면,

$$P[-t_{\alpha/2}(n_1+n_2-2) \leq$$
$$T = \frac{(\bar{X}-\bar{Y})-(\mu_x-\mu_y)}{\sqrt{(n_1-1)S_1^2+(n_2-1)S_2^2}} \times \sqrt{\frac{n_1 n_2(n_1+n_2-2)}{n_1+n_2}}$$
$$\leq +t_{\alpha/2}(n_1+n_2-2)] = 1-\alpha$$

괄호 안의 부등식을 $\mu_x-\mu_y$에 대해서 풀면

$$P[(\bar{X}-\bar{Y})-t_{\alpha/2}(n_1+n_2-2)$$
$$\times \sqrt{\frac{(n_1-1)S_1^2+(n_2-1)S_2^2}{n_1+n_2-2} \cdot \frac{n_1+n_2}{n_1 n_2}}$$
$$\leq \mu_x-\mu_y$$
$$\leq (\bar{X}-\bar{Y})+t_{\alpha/2}(n_1+n_2-2)$$
$$\times \sqrt{\frac{(n_1-1)S_1^2+(n_2-1)S_2^2}{n_1+n_2-2} \cdot \frac{n_1+n_2}{n_1 n_2}}]$$
$$= 1-\alpha$$
(26)

와 같이, $\mu_x-\mu_y$의 구간을 얻을 수가 있다.

구간

$$[(\bar{X}-\bar{Y})-t_{\alpha/2}(n_1+n_2-2)$$
$$\times \sqrt{\frac{(n_1-1)S_1^2+(n_2-1)S_2^2}{n_1+n_2-2} \cdot \frac{n_1+n_2}{n_1 n_2}},$$
$$(\bar{X}-\bar{Y})+t_{\alpha/2}(n_1+n_2-2)$$
$$\times \sqrt{\frac{(n_1-1)S_1^2+(n_2-1)S_2^2}{n_1+n_2-2} \cdot \frac{n_1+n_2}{n_1 n_2}}]$$
(27)

$\mu_x-\mu_y$의 $100(1-\alpha)\%$ 신뢰구간이 된다.

[모분산 σ^2의 구간추정]

모분산 σ^2의 구간추정은, 모분산 σ^2와 모분산의 가장 좋은 추정치인 표본분산 S^2으로 이루어진 확률변수가 있으면, 쉽게 추정이 가능할 것이다.

이러한 확률변수가 χ^2-분포를 따르는 다음과 같은 확률변수이다.

$$\frac{(n-1)S^2}{\sigma^2} \quad (28)$$

이 확률변수는 자유도가 $n-1$인 χ^2-분포를 따른다.

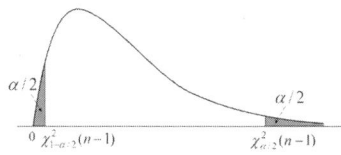

그림 3 χ^2-분포에서 끝부분 $\alpha/2$의 확률을 주는 χ^2의 경계값

지금까지의 경우와 마찬가지로, 아래 그림 3과 같이 χ^2-분포표에서, 오른쪽 끝부분과 왼쪽 끝부분의 확률이 각각 $\alpha/2$가 되는 χ^2의 경계값을 각각

$$\chi^2_{\alpha/2}(n-1),\ \chi^2_{1-\alpha/2}(n-1)$$

로 나타내면, 위의 확률변수 $(n-1)S^2/\sigma^2$가 $\chi^2_{1-\alpha/2}(n-1)$에서부터 $\chi^2_{\alpha/2}(n-1)$ 사이의 값이 될 확률은 $(1-\alpha)$가 된다. 즉,

$$P[\chi^2_{1-\alpha/2}(n-1) \le \frac{(n-1)S^2}{\sigma^2}$$
$$\le \chi^2_{\alpha/2}(n-1)] = 1-\alpha$$
$$(29)$$

괄호 안의 부등식을 σ^2에 대해서 풀면

$$P\left[\frac{(n-1)S^2}{\chi^2_{\alpha/2}(n-1)} \le \sigma^2 \le \frac{(n-1)S^2}{\chi^2_{1-\alpha/2}(n-1)}\right]$$
$$= 1-\alpha \quad (30)$$

와 같이, 모분산 σ^2의 구간이 얻어진다.

구간

$$\left[\frac{(n-1)S^2}{\chi^2_{\alpha/2}(n-1)},\ \frac{(n-1)S^2}{\chi^2_{1-\alpha/2}(n-1)}\right]$$
$$(31)$$

이 모분산 σ^2의 $100(1-\alpha)\%$ 신뢰구간이 된다.

[모비율의 추정]

고장비율, 여론 조사에서의 찬성 비율과 같은, 모집단의 비율, 즉 모비율(population ratio)을 추정하는 것은 공학적으로 또는 사회적으로 매우 중요하므로, 여기서도 다루어 두기로 한다.

모비율의 추정은, 이항분포(☞ 전편) 특성과 중심극한정리를 이용하여 다음과 같이 한다.

X가 이항분포 $b(n,\ p)$를 따를 때, 기대치와 분산은 다음과 같

이 된다(이항분포(☞ 전편)).

$E[X] = np$

$Var[X] = np(1-p) = npq$

한편, 중심극한정리는 확률변수 $X_1, X_2, \cdots, X_n$의 평균을 $\mu_1, \mu_2, \cdots, \mu_n$의 분산을 $\sigma_1^2, \sigma_2^2, \cdots, \sigma_n^2$이라 할 때,
다음과 같은 확률변수

$$Y = \frac{\sum X_i - \sum \mu_i}{\sqrt{\sum \sigma_i^2}}$$

는 n이 충분히 크면, 그 극한분포는 표준정규분포 $N(0, 1)$이 된다고 하는 것으로, 이항분포를 따르는 확률변수 X에 대해 적용하면, 다음과 같이 된다.

$$Y = \frac{X - np}{\sqrt{np(1-p)}} = \frac{\frac{X}{n} - p}{\sqrt{\frac{p(1-p)}{n}}}$$

여기서 표본비율 $\hat{p} = X/n$ 라 놓으면,

$$Y = \frac{X - np}{\sqrt{np(1-p)}} = \frac{\frac{X}{n} - p}{\sqrt{\frac{p(1-p)}{n}}}$$

$$= \frac{\hat{p} - p}{\sqrt{\frac{p(1-p)}{n}}}$$

(32)

은 표준정규분포 $N(0, 1)$에 따른다.
따라서 정규분포표를 사용하여, 모비율 p의 $100(1-\alpha)$% 신뢰구간을 앞의 식 (13)과 마찬가지로 다음과 같이 하여 구할 수 있다.

$$P(-z_{\alpha/2} \leq Y = \frac{\hat{p} - p}{\sqrt{\frac{p(1-p)}{n}}} \leq +z_{\alpha/2})$$

$$= 1 - \alpha$$

(33)

괄호 속의 부등식은 다음과 같이 나타낼 수 있다.

$$|\hat{p} - p| \leq z_{\alpha/2}\sqrt{\frac{p(1-p)}{n}}$$

이 부등식을 p에 관해서 풀면,

$$(\hat{p} - p)^2 \leq z_{\alpha/2}^2 \frac{p(1-p)}{n}$$

$$\left(1 + \frac{z_{\alpha/2}^2}{n}\right)p^2 - 2\left(\hat{p} + \frac{z_{\alpha/2}^2}{2n}\right)p$$

$$+ \hat{p}^2 \leq 0$$

$$\frac{\hat{p} + \frac{z_{\alpha/2}^2}{2n} - z_{\alpha/2}\sqrt{\frac{\hat{p}(1-\hat{p})}{n} + \frac{z_{\alpha/2}^2}{4n^2}}}{1 + \frac{z_{\alpha/2}^2}{n}} \leq p$$

$$\leq \frac{\hat{p} + \frac{z_{\alpha/2}^2}{2n} + z_{\alpha/2}\sqrt{\frac{\hat{p}(1-\hat{p})}{n} + \frac{z_{\alpha/2}^2}{4n^2}}}{1 + \frac{z_{\alpha/2}^2}{n}}$$

이 얻어진다. 이 부등식의 첫 항 및 끝항은 표본비율만 얻어지면

구할 수 있으므로, 이 식으로부터 모비율 p의 신뢰구간을 결정할 수가 있다.

n이 충분히 크면, $z_{\alpha/2}^2/n$은 1이나 $\hat{p}$에 비해 충분히 작고, $z_{\alpha/2}^2/(4n^2)$은 $\hat{p}(1-\hat{p})/n$에 비해 충분히 작아, 모두 무시할 수 있으므로, 모비율 p의 $100(1-\alpha)\%$ 신뢰구간은 다음과 같이 나타낼 수가 있다.

$$[\hat{p} - z_{\alpha/2}\sqrt{\frac{\hat{p}(1-\hat{p})}{n}}, \hat{p} + z_{\alpha/2}\sqrt{\frac{\hat{p}(1-\hat{p})}{n}}]$$
(35)

이 식의 유효하기 위한 조건으로는

$$n\hat{p} \geq 5$$

가 될 필요가 있다.

표본의 크기 n은, 위의 모평균에 대한 경우와 마찬가지로, 식 (34) 중의 오차 한계

$$z_{\alpha/2}\sqrt{\frac{\hat{p}(1-\hat{p})}{n}}$$

를 어떤 값 d 이하로 하는 조건으로 구하면 된다. 즉

$$z_{\alpha/2}\sqrt{\frac{\hat{p}(1-\hat{p})}{n}} \leq d \qquad (35)$$

로부터

$$n \geq z_{\alpha/2}^2 \frac{\hat{p}(1-\hat{p})}{d^2} \qquad (36)$$

$\hat{p}$를 예상할 수 있는 경우에는 그 예상치를 사용하여 결정하면 된다.

그러나 일반적으로는 미리 $\hat{p}$는 알 수가 없으므로, 다음 특성을 이용하여 표본 크기를 결정하면 된다.

$$\hat{p}(1-\hat{p}) = \hat{p} - \hat{p}^2$$
$$= \frac{1}{4} - \left(\frac{1}{4} - \hat{p} + \hat{p}^2\right)$$
$$= \frac{1}{4} - \left(\frac{1}{2} - \hat{p}\right)^2 \leq \frac{1}{4}$$

이므로, 식 (36)의 $\hat{p}(1-\hat{p})$ 대신에 최대치 1/4을 잡으면, 식 (36)을 충분히 만족하게 된다. 따라서 다음과 같이 결정하면 된다.

$$n \geq \left(\frac{z_{\alpha/2}}{2d}\right)^2 \qquad (37)$$

---

1) 송지호, 박준협, 신뢰성공학 입문, 2007, pp.113-137.

충격시험 Impact testing

하중의 종류(☞전편)에서 충격하중(☞전편)이 있으며, 재료는 정적 하중(☞진편)이나 피로하중(☞전편)에 비해 이 충격하중에 가장 약하다. 충격하중은 하중의 크기보다는 재료가 흡수할 수 있는 에너지로

그 크기를 가늠하는 것이 보통이다. 충격하중은 재료의 인성(☞전편), 즉 **연성**(☞전편)-**취성**(☞전편)을 알기 위해 많이 사용되었고, 지금도 사용된다. 재료의 인성에 관해서는 균열이 존재하는 재료의 인성 즉 **파괴인성**이 현재 매우 중요하나, **파괴역학**(☞전편)이 발달하지 않았던 과거에는 충격하중을 이용한 인성시험이 매우 중요했다. 충격하중을 이용한 시험을 **충격시험**(impact testing)이라 하며, 과거 매우 중요했기 때문에 규격화도 잘 이루어지고 있다. **샬피**(Charpy) **충격시험**과 **아이조드**(Izod) **충격시험**이 유명하며 자주 사용된다. 두 시험법 모두 적당한 크기의 무게로 적당한 높이로부터 **노치시험편**(☞전편)을 타격하는 방법이다. 두 방법의 상세한 내용이 <u>ASTM 규격 E23</u>[1]에 설명되어 있다. 차이는 샬피 시험편이 **3점굽힘**(☞전편) 시험편인데 비해 아이조드 시험편은 **외팔보**(☞전편) 시험편이다. 근래는 모든 것이 장비화되어 있어 이에 대한 규격[2]도 있다. 충격시험을 수행할 때에는 이들 규격을 참고하면 된다.

of Metallic Materials, Annual Book of ASTM Standards, Section3, 2020.

---

1) ASTM E23-18: Standard Test Method for Notched Bar Impact Testing of Metallic Materials, Annual Book of ASTM Standards, Section3, 2020.
2) ASTM E2298-18: Standard Test Method for Instrumented Impact Testing

[ㅋ]

크리프거동예측이론
Prediction theory of creep behavior

크리프(☞전편)문제에서는 단시간에서 얻어진 고온크리프 시험결과를 더 낮은 중간온도의 긴 시간 실제거동에 적용하려는 이론이 다수 제안되고 있으며, 그중에서 Larson-Miller이론과 Manson-Haferd이론이 비교적 정확하다고 알려져 있다. 이하 내용은 Collins의 책[1]을 인용하고 있다.

[Larson-Miller 파라미터]

다음과 같은 온도와 시간을 관련시키는 파라미터를 사용하면 좋다는 이론이다.

LM-parameter

$$P_{LM} = (T + 460)(C + \log_{10} t) \quad (1)$$

여기서 T는 온도 °F, C는 보통 20으로 가정하고, t는 파단시간 또는 특정 크리프 **변형률**(☞전편)에 도달하는 시간을 나타낸다.

이 식은 Larson-Miller가 28가지 재료의 크리프와 파단시간에 대해 조사해 좋은 결과를 얻고 있다.

식 (1)을 사용하면

실제 가동조건	등가 시험조건
1,000°F에서 10,000시간	1,200°F에서 13시간
1,200°F에서 1,000시간	1,350°F에서 12시간
1,350°F에서 1,000시간	1,500°F에서 12시간
300°F에서 1,000시간	400°F에서 2.2시간

예컨대 실제 가동조건이 1,000°F에서 10,000시간이라 하면 1,200°F에서 13시간이 되는 시험 조건에 해당한다는 것이다.

Larson-Miller식은 플라스틱재료를 포함한 많은 재료에 대해 긴 시간에 대한 크리프거동과 응력파단시간 관계를 예측하는데 실험과 잘 일치한다고 되어 있다.

[Manson-Haferd 파라미터]

다음 식과 같은 온도와 시간에 관한 파라미터를 사용하면 좋다는 이론이다.

MH-parameter

$$P_{MH} = \frac{T - T_a}{\log_{10} t - \log_{10} t_a} \quad (2)$$

여기서 T_a, t_a는 재료정수로서 다음과 같은 값을 갖는다.

재료	크리프 또는 파단	T_a	$\log_{10} t_a$
26-20 스테인레스강	파단	100	14
18-8 스테인레스강	파단	100	15
S-590 합금	파단	0	21

DM 강	파단	100	22
Inconel X	파단	100	24
Nimonic 80	파단	100	17
Nimonic 80	0.2% 소성변형률	100	17
Nimonic 80	0.1% 소성변형률	100	17

재료정수가 일단 얻어지면 실험결과와 잘 일치한다고 알려져 있다. 크리프 문제를 다룰 때에는 식 (1)과 식 (2)를 참고로 하면 도움이 될 것이다.

---

1) J.A. Collins, Failure of Materials in Mechanical Design, John Wiley & Sons, 1993, pp.464-466.

[ㅌ]

러한 용어가 된 것이라 생각하면 좋을 것이다.

통계학 統計學 Statistics

통계(statistics) 또는 통계학(statistics)에 대한 정의를 다음과 같이 생각해 두면 좋을 것이다.

관심이 있는 대상에 대해 자료를 수집하고 정리, 요약하여, 의미 있는 정보를 창출하거나, 얻어진 부분적인 자료나 정보를 토대로 분석, 해석하여, 전체에 대한 특성을 파악하거나 예측하는 학문.

특히 전반부의 "자료를 수집하고 정리, 요약하여, 의미 있는 정보를 창출하는" 분야를 기술(記述) 통계학(descriptive statistics), 후반부의 "부분적인 자료나 정보를 토대로 분석, 해석하여, 전체에 대한 특성을 파악하거나 예측하는" 분야를 추측(推測) 통계학(inferential statistics)이라고 한다.

통계 또는 통계학에 대한 영어 Statistics의 어원은 라틴어의 status로, 영어의 state 즉, 국가 또는 상태에 해당하는 단어이다. 통계학은 원래 국가가 통치상, 국가 전체의 상황을 정확하게 파악하기 위하여, 정치적으로 필요한 정보를 수집하고 활용하는 형태로 시작됐기 때문에, 이

[ㅍ]

파괴인성 Fracture toughness

파괴인성(fracture toughness) (☞전편)이란 간단하게는, 균열(☞전편)이 있을 때의 일방향 정적하중(☞전편)에 대한 재료강도(☞전편)를 나타낸다고 생각해도 좋으나, 엄밀하게는 균열이 성장할 때 재료가 보이는 저항값이라 생각하면 좋을 것이다. 파괴인성은 공학적으로 매우 중요한 값이나 역사적으로 파괴역학(☞전편)면에서 학문적으로도 매우 중요한 값이 되었다. 예컨대 파괴역학에서 많이 사용되는 Irwin의 소성역치수(☞전편)는 파괴역학에 의한 파괴인성치 K_{Ic}가 시험편 치수에 따라 변하지 않도록 도입된 식이다. 파괴인성치는 파괴역학 파라미터(☞전편)로 나타내는 것이 보통이며, 재료가 선형탄성(☞전편)거동을 하는 경우 응력강도계수(☞진편) K로, 비서형탄성(☞전편)거동을 하는 경우 J적분(☞ 전편)값 또는 균열선단열림변위 CTOD(☞전편)로 나타낸다.

파괴인성치를 구하는 방법으로 미국시험재료학회 ASTM(☞전편)에서 각종 시험법을 제안하고 있다. 그중 하나가 선형탄성 평면변형률(☞전편) 파괴인성시험법이다.

[선형탄성 평면변형률 파괴인성시험법 linear-elastic plane-strain fracture toughness test method]

ASTM의 규격 E399에 다음과 같이 선형탄성 평면변형률 파괴인성시험법[1]을 제안하고 있다.

이 규격은 주로 선형탄성, 표면변형률 상태에 있는 금속 재료의 파괴인성 K_I을 1.6mm 또는 그 이상의 두께를 가진 피로예비균열(☞전편)시험편을 사용하여 결정하는 방법을 제안하고 있다. 시험 장치, 시험편 형상 및 시험 방법에 대한 상세한 내용을 설명하고 있으며, 실험 데이터로부터 파괴인성값을 구하는 두 가지 방법에 대해서 설명하고 있다. K_{Ic} 방법은 시험편 폭의 2%까지 균열이 성장하는 것을 기본으로 하고 있어, 큰 시험편이 높은 파괴인성값이 되는 시험편의존 파괴인성저항곡선 결과가 된다.

시험편 치수에 덜 의존하는 파괴인성치(less size-sensitive fracture toughness) K_{Isi}시험법이 부록에 설명되고 있으며, 이 시험법은 일정한 0.5mm 균열성장을 기초로 하고 있다.

균열방향(crack orientation)에 대해 하이픈(-)을 사용한 글자로 나타내고 있으며, 하이픈 앞 글자는 균열면에 수직인 방향을, 뒷글자는 예상되는 균열성장 방향을 나타낸다. T-L시험편은 파괴면에 수직인 방향은 시험편 폭 방향이며, 예상되는 균열전파 방향은 시험편 판의 길이(longitudinal)방향을 나타낸다.

금속 재료의 K_{Ic} 시험법은 피로예비시험편을 일방향으로 증가하는 하중 하에서 수행되며, 하중은 인장 또는 **3점굽힘**(three-point bending)(☞전편)형태로 주어지며, 하중-균열입구열림변위(CMOD)(☞전편)를 기록한다.

약 2% 균열상장에 해당하는, 초기 경사로부터 5% **시컨트 오프셋**의 하중을 결정하고, 이 하중으로부터 유효한 K_{Ic}를 계산한다. K_{Ic}에 미치는 영향인자가 많아 시험편 치수와 형상, 제작에 관해 상세히 제안하고 있으며, 균열입구 열림변위를 측정하기 위한 양쪽 외팔보(cantilever) **클립게이지**와 그 장착을 위한 **나이프엣지**(knife edge) 설계에 대해서도 제안하고 있다. 특히 이 부분은 다른 용도의 클립게이지를 설계할 때에도 많은 도움이 된다.

시험편으로 사용할 수 있는 C(T) **시험편**(☞전편), 3점굽힘 시험편 외 여러 시험편에 대해서도 설명하고 있다.

시험 결과의 해석과 결과에 대해서 설명하고 있으며, 하중-균열입구변위곡선을 3종류로 나누어 각각의 경우에 K_{Ic}를 결정하는 방법을 제시하고 있다.

이 외에도 중요한 사항이 많이 제안되고 있으므로 파괴인성을 결정할 때에는 이 규격을 반드시 참고해야 된다.

또 하나의 ASTM 규격은 파괴인성 측정법 E1820[2]이다.

[파괴인성 측정법]

이 규격은 파라미터 K, J적분, CTOD(δ)을 사용하여 금속 재료의 파괴인성을 결정하기 위한 방법과 지침을 설명하고 있다. 파괴인성은 R-곡선 형태 혹은 한 점의 값으로 측정되며 열림모드(Mode I)에 대한 것이다. 시험편으로는 **한쪽모서리균열 굽힘시험편** [SE(B)](☞전편), [C(T)] 시험편, disk-shaped compact[DC(T)]시험편(☞전편)을 추천하고 있다. 모든 시험편은 피로균열이 있는 **노치시험편**(☞전편)이다. 시험편의 치수 조건은 생각하는 파괴인성에 따라 다르다. 지침은 재료의 **인성**(☞전편), **유동응력**(☞전편), 각각의 인성값에 대한 내용조건을 생각하여 주어지고 있다. E399 외 여러 규격들이 있으나, 이 시험법은 하나의 시험편으로 모든 것에 적용 가능한 인성파라미터를 결정하기 위해 공통적인 방법을 제안하기 위

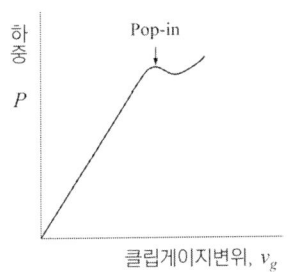

그림1 하중-클립게이지변위

해 개발되었다.

균열선단열림변위(CTOD) δ에 대한 각종 정의가 설명되고 있으며, δ_c는 속도가 늦은 안정균열성장(slow stable crack extension) 시작 근방의 CTOD 값이며, δ_c는 불안정 균열성장 (unstable crack extension) 시작 시 또는 팝인(pop-in) 지점의 CTOD값이다. 팝인(pop-in)이라는 것은 그림 1에 보이는 바와 같이 하중-클립게이지변위 곡선의 불연속점으로, 변위가 급격히 증가하고 그리고 일반적으로 하중이 감소하는 현상을 말한다.

그 외 각종 CTOD에 대해 설명 또는 정의하고 있으며, 유효두께(☞전편), 유효항복강도(☞전편), J 적분에 대해서도 설명하고 있다.

이 시험법에서 결정된 J_c는 상당한 안정적 균열진진 시작 전의 파괴 불안정에 대한 파괴인성의 척도를 나타내며, 평면치수에는 의존하지 않으나, 두께에는 의존할 가능성은 있다.

J_u는 상당한 안정 균열진전 후의 파괴불안정을 나타내며, 치수에 의존하고 시험편 형상의 함수이나, 이것은 연성파괴거동의 한계를 정의할 때 유익할 수가 있다.

J_{Ic}와 K_{Ic}는 평면변형률 파괴인성을 나타내며, K_{Ic}는 J_{Ic}로부터 계산된다.

R-곡선 또는 J-R곡선은 안정 균열성장의 함수로 균열성장저항을 타점한 것으로, J-R곡선의 J는 전체장의 J로, 성장하는 균열에 가까운 응력-변형률장의 J가 아닐 수 있다.

이 시험법은 파괴불안정이라 말할 수 있는 팝인을 포함한 불안정 균열성장과 안정찢어짐이라 할 수 있는 안정 균열성장을 발생시키기 위해 피로예비 균열시험편을 시험한다. 이 시험법은 하중-하중선변위(☞전편) 또는 하중-균열입구열림변위 또는 양쪽 모두를 연속적으로 측정하도록 하고 있다. 균열성장 측정 방법으로, 기초적인 방법과 저항곡선법을 제시하고 있으며 설명하고 있다.

예리한 피로균열을 가정하여, 이 시험법에서 결정된 재료의 파괴인성값은 1) 정상균열(stationary crack)의 파괴에 대한, 2) 얼마간의 안정 찢어짐 후의 파괴에 대한, 3) 안정 찢어짐 개시에 대한, 그리고 4) 계속 안정찢어짐에 대한 저항을 나타낸다. 이 시험법은 특히 시험하기 전에는 재료의 거동을 예상하기 힘들 때 유익하다. 파괴인성값은 재료 비교, 선택, 품질 보증의 기초로 사용할 수 있으며, 구조 결함 허용 평가 기초로도 사용할 수 있다. 실제와 실험실 시험 결과는 약간 다르다는 것은 알아 두는 것이 좋다. 구조 결함 허용 평가에서는 어느 정도의 안정 찢어짐이 일어난 후의 파괴와 관련된 파괴인성값을 적용할 필요가 있다. 이 시험법에서 권장되고 있는 굽힘형식 SE(B), C(T), DC(T) 시험편의 J-R 곡선이 인장하중 형태의 결과보다 안전쪽 평가(☞전편)라는 것이 관찰되고 있다.

시험법에 사용되는 각종 장치 도구, 시험편 치수, 형상, 준비 과정, 시험 방법, 결과의 해석에 관해서 상세히 설명하고 있으므로, 파괴인성에 관해서 시험할 필요가 있을 때에는 이 규격을 반드시 참고해야 된다. 또한 변위계 설계에 대해서 도움이 될 내용이 많다.

파괴인성에 관해서는 E399, E1820 이외에 참고할 만한 다음과 같은 여러 규격이 있다.

· E1221-12a(2018) Determining Plane-Strain Crack Arrest Fracture Toughness K_{Ia} of Ferritic Steels
· E561-19 K_R Curve Determination
· E2899-19 Measurement of Initiation Toughness in Surface Cracks under Tension and Bending
· E2818-11 Determination of Quasistatic Fracture Toughness of Welds.

---

1) ASTM Designation: E399-20: Standard Test Method for Linear-Elastic Plane-Strain Fracture Toughness of Metallic Materials, Annual Book of ASTM Standards, Section 3, 2020.
2) ASTM E 1820-20: Standard Test Method for Measurement of Fracture Toughness, Annual Book of ASTM Standards, Section 3, 2020.

패러다임 Paradigm

패러다임이란 용어는 Thomas S Kuhn의 과학 혁명의 구조[1]라는 책에 다음과 같이 설명되고 있다. "어느 일정한 시기에 전문가 집단에게 모형 문제와 풀이를 제공하는 보편적으로 인식된 과학적 성취들."

패러다임이란 용어가 비교적 많이 쓰이나 모범, 이론적 테두리, 인식의 틀이라고 생각하는 것이 보통이다. Thomas S Kuhn은 과학 혁명의 구조에 관해서 광범위하게 연구[2]하고 있으나 보통 사람에게는 그 내용을 좀 이해하기 어려운 편이다.

---

1) 김영자 역 Thomas S Kuhn, The Structure of Scientific Revolutions, 두산동아, 1992, p.13.

2) Thomas S Kuhn, The Structure of Scientific Revolutions, University of Chicago Press, 1970.

피로연구의 역사
History of fatigue researches

피로(☞전편)의 특성상, 피로파괴(☞전편)는 인류가 도구를 발명, 사용하기 시작한 때부터 발생하였을 것이며, 따라서 그 파괴방지에 대해서도 생각했을 것이다. 피로파괴가 본격적으로 문제가 되고, 이에 대해 연구가 시작된 것은, 산업 혁명(1760) 이후 와트(James Watt, 1736-1819)의 증기 기관 발명(1769)에 이은 철도용 기관차의 발명(1804, 1814)과 철도가 개통(1825)된 이후라 생각하면 좋을 것이다.

최초의 연구는, 1829년 독일의 Albert라는 사람이 광산용 체인(chain)에 대해서 정격하중(定格荷重, rated load)을 1분간 10회씩, 합계 10만회 되풀이한 시험이 아닌가 생각되고 있다. 그 이후의 중요한 연구들을 표에 표시해 보았다. 여기에는 피로연구와 관련된 참고적인 사항도 기입해 두었다.

표 피로연구 역사

피로연구	해	역사적인 일
	1769	와트(Watt)의 증기 기관 발명, 프랑스인 퀴뇨(Cugnot) 3륜 증기 자동차 발명
↓		
	1804	트레비식(Trevithick) 최초의 철도용 증기 기관차 발명
↓		
	1814	스티븐슨(Stephenson) 실용 가능한 증기 기관차 발명 시운전 성공
↓		
	1825	스티븐슨의 로커모션(locomotion)호로 스톡톤-달링턴 세계 최초 철도 개통
↓		

Albert 광산용 체인에 대한 피로시험	1829	
	1830	맨체스터-리버풀 철도 건설, 철도 세계에 확산
	↓	
Rankin 피로파손의 존재와 특성에 관한 연구	1843	
	↓	
Hodgkinson 보 시험편에 대한 되풀이 굽힘시험	1849	
	↓	
Braithwaite 논문 표제에 피로라는 용어 사용 (Kawamoto(河本)[1]에 의하면)	1853	
	↓	
Wöhler 체계적인 피로시험 결과에 대한 최초의 논문 (1852-1869)	1858	
	↓	
Wöhler의 응력-파단 되풀이수 정리	1866	
용어 "fatigue"가 등장 (Fine[2]에 의하면 무명인 (無名人)에 의해서)	1867	
	↓	
Wöhler의 법칙, 피로한도 (Bruchgrenze)의 발견	1870	
	↓	
Spagenberg에 의해 용어 "S-N 곡선" 등장	1874	
평균응력 고려방법 Gerber의 포물선(Gerber's parabola)	1874	
	↓	
	1876	Otto 4사이클 형식 내연 기관 실용화
	↓	
	1886	Daimler 세계 최초 가솔린 4륜 자동차 발명
	↓	
평균응력 고려방법	1899	

Goodman 직선	↓	
Ewing-Humfrey 피로균열 발생과 전파에 관한 금속학적 관찰. 피로특유의 미끄럼선, 미끄럼띠의 관찰	1903	라이트(Wright) 형제 처음으로 동력 비행기로 비행
	↓	
Föppl의 노치계수 β와 응력집중계수 α의 관계에 관한 연구	1909	Ford 자동차 대량 생산 시작
Guilett의 피로와 감쇠능 저하에 관한 연구	1909	
Bairstow의 히스테리시스루우프 (hysteresis loop)에 관한 연구	1910	
	↓	
Hopkinson-William의 발열과 피로한도에 관한 연구	1912	
	↓	
	1914	제1차 세계 대전 시작(-1918)
	↓	
Ono(小野) 조합응력하의 피로에 관한 연구	1921	
	↓	
Palmgren의 구름베어링에 대한 수명예측법	1924	
	↓	
McAdam, Jr.의 부식피로에서의 피로한도 저하에 관한 연구	1926	
Gough 저서, The Fatigue of Metals 런던에서 발간	1926	
Moore-Kommers 공저, The Fatigue of Metals 미국에서 발간	1927	
	↓	
Kommers 과소응력의 영향에 관한 연구	1930	
	1931	Whittle 제트 엔진 발명
평균응력 고려방법 Nisihara	1932	

[ㅍ] 89

(西原)의 $\sigma_T - \sigma_{W0}$ 직선		
Peterson 노치재의 치수효과에 관한 연구	1933	
French 손상 곡선	1933	
	1934	전 금속제(金屬製) 비행기 Douglas DC2기 취항
	↓	
Langer 변동하중하의 피로에 관한 연구	1937	
Neuber 응력집중에 관한 계산 도표	1937	
	↓	
	1939	제2차 세계 대전 시작(-1945)
	↓	
Miner 선형누적 손상 법칙	1945	
	↓	
Feeney의 Probit 법	1947	
Dixon-Mood의 Staircase 법	1948	
Weibull P-S-N 선도	1949	
Manual of Fatigue Testing (ASTM STP 91) 발간	1949	
	↓	
	1952	첫 제트 엔진 항공기 Comet기 취항
Peterson의 응력집중계수 핸드북 발간	1953	
Manson이 Manson-Coffin 식 제안	1953	
Coffin이 Manson-Coffin 식 제안	1954	Comet기 추락 사고
Freudenthal-Gumbel 피로의 통계적 특성에 관한 연구	1954	
	↓	
Corten-Dolan 변동하중하의 S-N 곡선 수정	1956	
	1957	Irwin 선형 파괴역학 체계화
Wood의 Intrusion-Extrusion에 의한 피로균열발생 모델	1958	

Freudenthal-Heller 변동하중하의 S-N곡선 수정	1959	
	↓	
	1961	인류 최초 우주비행사 소련인 가가린(Gagarin) 지구를 돌다. 지구는 푸르다(4.12)
	1961	피로균열에 관한 첫 심포지엄이 영국 크랜필드(Cranfield)에서 개최
	↓	
Paris-Erdogan 피로균열진전에 파괴역학 적용	1963	
Forsyth 피로과정 Stage I, II 구분	1963	
	1964	일본 고속 전철 신간선(新幹線) 운행 개시
Manson의 기계적 성질로부터의 $\Delta\varepsilon$-N곡선 추정법	1965	
Schijve의 Range-pair 하중파형사이클 계산법	1966	
Forman 등의 피로균열진전속도식	1967	ASTM 피로균열진전에 관한 특집호 STP415 Fatigue Crack Propagation 발간
Laird-Smith 스트라이에이션 형성 모델	1967	
	↓	
Kikukawa(菊川)의 Range-pair 하중파형사이클 계산법	1969	Concorde기 초음속 비행
Pelloux의 교차 미끄럼 균열진전모델	1969	미국 아폴로 11호 달에 착륙. 암스트롱 달 지면에 내리다.
	1969	미 공군기 F111 추락. 손상허용설계(damage tolerance design) 도입
Walker의 피로균열진전 속도식	1970	ASTM E399 평면변형률 파괴인성 시험 규격 제정
Elber의 피로균열 닫힘현상에 관한 최초 논문	1970	
Elber의 피로균열 닫힘현상을 고려한 진전속도식	1971	
Willenborg 등의 균열진전 지연(retardation)모델	1971	

[Ⅱ] 91

Wheeler의 균열진전 지연 (retardation)모델	1972		
	↓		
Endo(遠藤)-Morrow의 Rain-flow 하중파형 사이클 계산법	1974	미 공군 새 군용기에 대해 손상 허용설계 요구	
Ohji(大路) 등 유한요소법에 의한 피로균열닫힘 해석	1974		
Pearson의 매우 짧은 균열 (very short crack) 연구	1975		
Dowling의 탄소성 피로균 열진전에 대한 되풀이 J적분 적용	1976	세계 최초 초음속 항공기 Concorde기 취항	
Kikukawa(菊川) 등의 제하 탄성컴플라이언스 법	1976		
	↓		
ASTM E647 일정하중 진 폭하의 피로균열 진전 시험법 제정	1978	민간 항공기에 대해 손상허용 규 정(regulation) 제정 공포	
Kitagawa(北川)의 작은 균 열의 진전하한계(threshold)에 관한 연구	1979	미국 여객기 DC10 추락 사고	
Stewart의 산화물 유기 (oxide-induced) 균열닫힘기구 연구	1980	북해 유전 채굴선 Kielland 사고	
ASTM E647 균열 진전하한 계(threshold) ΔK_{th}시험법 추가	1981	프랑스 TGV 세계 영업 최고 속도 260km/h 로 운전 개시	
Suresh-Zamiski-Ritchie의 산화물 유기(oxide-induced) 균열닫힘기구 연구	1981	제1차 국제 피로 학술회의 (1st International Fatigue Congress) 스웨덴 스톡홀름(Stockholm)에서 개최	
Minakawa-McEvily의 기칠기 유기(roughness-induced) 균열닫힘기구 연구	1981		
일본재료학회 금속재료 피로강도 데이터집 발간	1982		
일본재료학회 금속재료 피로균열진전저항 데이터집 발간	1983		
일본기계학회 금속피로 데이터집 IV 저되풀이수 피로강도 개정판 발간	1983		
	1984	제2차 국제 피로 학술회의 (2nd	

	1985	International Fatigue Congress) 영국 버밍햄(Birmingham)에서 개최 일본 항공 여객기 Boeing 747-SR 추락
	↓	
일본재료학회 금속재료 응력부식파괴 부식피로강도 데이터집 발간	1987	제3차 국제 피로 학술회의 (3rd International Fatigue Congress) 미국 샬럿빌(Charlottesville)에서 개최
	↓	
Bäumel-Seeger 금속재료의 피로데이터집 발간	1990	제4차 국제 피로 학술회의 (4th International Fatigue Congress) 하와이 호놀룰루(Honolulu)에서 개최
	↓	
	1993	제5차 국제 피로 학술회의 (5th International Fatigue Congress) 캐나다 몬트리올(Montreal)에서 개최
	↓	
ASTM E647 균열닫힘하중 결정법 추천안	1995	
ASTM E647 작은 균열의 진전속도 측정에 관한 지침	1995	
	1996	제6차 국제 피로 학술회의 (6th International Fatigue Congress) 독일 베를린(Berlin)에서 개최
	↓	
	1998	독일 고속 전철 ICE-1 탈선 사고
	1999	제7차 국제 피로 학술회의 (7th International Fatigue Congress) 중국 베이징(Beijing)에서 개최
	↓	
	2002	제8차 국제 피로 학술회의 (8th International Fatigue Congress) 스웨덴 스톡홀름(Stockholm)에서 개최
	↓	
	2004	한국 고속 전철 운행 개시
	↓	
	2006	제9차 국제 피로 학술회의 (9th International Fatigue Congress) 미국 애틀랜타(Atlanta)에서 개최
	↓	

	2010	제10차 국제 피로 학술회의 (10th International Fatigue Congress) 체코 프라하(Prague)에서 개최
한국에서 송지호 등 재료피로파괴·강도 용어사전 발간	2011	
	↓	
	2014	제11차 국제 피로 학술회의 (11th International Fatigue Congress) 오스트레일리아 멜버른 (Melbourne)에서 개최

1843년 Rankin이, 되풀이 하중(☞전편)을 받아 파괴(☞전편)된 재료가 취성(☞전편)적인 양상을 지니고 있다는 피로파괴 특유의 성질을 간파(看破)하고, 예리하게 모난 부분이 위험하다는 것을 지적하고 있다.

1849년 Hodgkinson이, 영국 정부의 요청에 의한 철도와 관련된 철교(鐵橋)용 철(☞전편)과 주철(鑄鐵) (☞전편)의 사용 조건에 관한 연구에서, 보(beam) (☞전편)의 중앙부를 회전 캠(cam)으로 굽히는 보의 되풀이 굽힘시험을 수행하여, 정적(靜的) 파단(☞전편) 굽힘 변형률(☞전편)의 1/3의 굽힘 변형률을 준 경우에는 10만회까지 파단하지 않았으나, 굽힘 변형률이 정적(靜的) 파단 굽힘 변형률의 1/2인 경우에는 900회에서 파단한다는 결과를 얻고 있다.

피로라는 용어는 1853년에 Braithwaite가 논문 표제에 처음으로 사용했다고 Kawamoto(河本)[1]가 밝히고 있으나, 무명인(無名人)에 의한 설[2]도 있다.

금속 재료의 피로현상에 관한 본격적인 연구는, 독일의 철도기사였던 Wöhler가 철도 차량 차축의 파괴를 방지하기 위하여, 최초의 피로시험기(☞전편), 외팔보(cantilever)(☞전편)식 회전굽힘(rotating bending) 피로시험기(☞전편)를 제작하여 연구하기 시작한 1850년대에 막을 열었다고 할 수 있다. Wöhler는 1852-1870년에 걸친 연구에서, 피로에 관한 많은 기본적인 특성을 확인하고, 철과 강(☞ 전편)에 있어서는 피로한도(또는 내구한도) (☞전편)가 존재한다는 공학적으로 매우 가치가 높은 발견을 했다.

참고로 그 때의 Wöhler의 주요 연구 내용을 살펴보면,
1. 차축의 응력(☞전편)측정,
2. 회전굽힘 피로시험기의 제작,
3. 차축의 피로강도(☞전편)에 미치는 응력집중(☞전편)의 영향,
4. 피로강도에 미치는 평균응력

의 영향(☞전편),
5. 비틀림 피로시험기(☞전편)의 제작과 피로파괴에 대한 최대전단변형률설(☞전편)의 적용,
6. 피로강도에 미치는 잔류응력의 영향(☞전편)

등으로, 차축 피로에 관한 중요한 문제는 거의 모두 다루고 있어, 그의 연구가 매우 체계적이었다는 것을 알 수가 있다.

Wöhler 이후, 평균응력의 영향을 고려하는 방법을 Gerber와 Goodman이 각각 제안하고 있으며, 1903년에는 피로과정을 금속학적으로 관찰한 결과가 보고되고 있다.

1924년에 처음으로 하중(☞전편) 진폭이 변동하는 경우의 수명 예측법에 관하여 Palmgren이 보고하고 있으며, 1926년에는 처음으로 피로에 관한 책이 발간되고 있다. 책의 발간은, 그때까지의 피로에 관한 여러 결과가 체계적으로 정리되고 있다는 것을 나타내고 있다고 볼 수 있다.

1930년대에 피로한도에 미치는 응력집중의 영향에 관한 연구가 Peterson과 Neuber에 의해 이루어져, 1937년에는 설계자가 쉽게 사용할 수 있는, Neuber의 응력집중에 관한 유명한 계산도표가 발표되고 있다.

1945년에 변동하중(☞전편)하의 피로손상을 평가하는 Miner의 선형누적 손상법칙(☞전편)이 발표되고 있으며, 1953-54년에 저되풀이수피로(low cycle fatigue)(☞전편) 수명에 관한 Manson-Coffin식(☞전편)이 제안되고 있다.

1954년에는 첫 제트 엔진 항공기 Comet기가 추락하여, 이후 저되풀이수피로 연구가 활발하게 된다. 1950년대 후반에 Corten-Dolan(☞전편), Freudenthal-Heller(☞전편)의 변동하중하의 피로수명(☞전편)에 관한 유명한 연구가 있으며, 1957년에 Irwin에 의해 선형파괴역학(☞전편)이 체계화되어, 균열을 이론적으로 다룰 수 있게 된다.

1960년대에 들어서 피로균열(☞전편)에 관한 관심이 높아져, 1963년 피로연구에 일대 전환을 가져온, 피로균열에 관한 Paris의 법칙(☞전편)이 발표되고 있으며, Forsyth의 Stage I, II의 균열진전(☞전편)에 관한 연구도 발표되고 있다.

1964년 최초로 일본에서 고속 전철이 운행을 개시했다.

1965년 Manson이 재료의 기계적성질(☞전편) 만을 이용하여 피로특성인 전변형률-수명($\Delta \varepsilon - N$)곡선(☞전편)을 추정하는 방법을 제안하고 있다.

1966년과 1969년에 Schijve와 Kikukawa가 랜덤하중(☞전편)에 대한 하중파형계산법(☞전편)으로 레인지페어(Range-pair)법(☞전

편)을 각각 제안하고 있다.
　1967년과 1970년에 Forman 등과 Walker가 평균 하중의 영향을 고려하는 피로균열진전식(☞전편)을 각각 제안하고 있으며, 1967년에는 Laird-Smith가 피로파면의 미시적인 특징인 스트라이에이션(striation) (☞전편) 형성 모델을 제안하고 있다.
　1969년 미 공군 연습기 F111기의 추락을 계기로, 피로설계에 손상허용설계(☞전편)가 도입되기 시작했다.
　1971년 피로균열진전 연구에 대전환을 가져온, 균열닫힘현상(☞전편)이 Elber에 의해 발견되어, 그 이후 이에 관한 연구가 피로균열진전 연구의 주류를 이루게 된다.
　1978년 미국시험재료학회(American Society for Testing and Materials, ASTM)(☞전편)에서, 파괴역학 파라미터(☞전편)를 사용하여 균열진전속도를 평가하는 피로균열진전시험법(☞전편)이 규격으로 처음으로 제정되어, 이후 얻어지는 새로운 결과를 바탕으로, 1981년, 1995년 계속 개정, 보완되어 오고 있다.
　1982년, 1983년, 1987년 일본재료학회에서 피로강도 및 피로균열진전에 관한 데이터집이 발간되고 있으며, 1990년에는 독일에서도 피로강도에 관한 데이터집이 발간되고 있다.

　1985년 일본 항공 여객기 Boeing 747-SR기가 피로파괴가 원인으로 추락하고 있으며, 1998년에는 독일 고속 전철 ICE가 차륜의 피로파괴가 원인으로 탈선 사고를 일으켰다.
　피로전문 국제학술회의(International Fatigue Congress)가 1981년 제1차를 시작으로, 거의 매 3년마다 열려, 2014년 제11차 회의에 이르고 있다.
　2011년 한국에서 송지호 등이 세계 최초로 피로전문용어사전을 발간하고 있다.
　인류(人類) 사상(史上) 처음으로 피로현상을 기록한 문헌은 무엇인가를 재미 삼아 조사한 연구자가 있다. 일본의 저명한 피로전문가 Nisioka Kunio(西岡邦夫, 이전 일본 Sumitomo(住友)금속 중앙 연구소 소장)라는 연구자로, 그에 의하면, 피로현상을 기록한 가장 오래된 문헌은 구약성서 여호수아 제6장이라 것이다. 여기에는 나팔소리와 사람의 외침 소리에 성벽이 무너지는 내용이 있으며, 이것이 음향피로(acoustic fatigue)(☞전편)에 의한 파괴로, 인류 최초의 피로파괴 기록이라는 것이다. 물론 신빙성이 있는 것은 아니나 재미있는 지적이기는 하다.

---

1) 河本　実, "金属疲労の研究について," 材料, Vol. 25, pp.810-814, 1976.
2) M.E. Fine, "Fatigue Resistance of

Metals," Metallurgical Transactions A, Vol.11A, pp.365-379, 1980.

찾아보기(Index)

$(C_t)_{avg}$ 7
$(da/dt)_{avg}$ 7
3점굽힘 78, 84
4장 게이지 회로 25

($\alpha-\omega$)
ΔJ 51
ΔJ-적분 14, 49, 50
ΔK 7, 51
ΔK_{CPA} 14
ΔK_{eq} 14
ΔK_{MM} 13
$\Delta\gamma/2$ 11
$\Delta\gamma_m$ 14
$\Delta\gamma_{max}/2$ 12
$\Delta\varepsilon$ 16
$\Delta\varepsilon/2$ 12
$\Delta\varepsilon_{cc}$ 5
$\Delta\varepsilon_{cp}$ 6
$\Delta\varepsilon_e$ 16
$\Delta\varepsilon_p$ 16
$\Delta\varepsilon_{pc}$ 6
$\Delta\varepsilon_{pp}$ 5
$\Delta\varepsilon_t$ 3
$\Delta\varepsilon$-N 95
$\Delta\sigma$ 20
γ'_f 12
δ 85
δ_C 85
δ_{IC} 85
ε'_f 17
ε-N곡선 11, 16
ε_{ea} 20
ε_f 4
ε_{pa} 19
ν 12, 25
σ'_f 16
σ_a 19
σ_u 3
σ_y 12
τ'_f 12
χ^2-분포 59, 73

(B)
Brown-Miller 모델 11, 12

(C)
C(T)시편 6
C(T)시험편 37, 51, 84
$C^*(t)$-적분 7
Comet기 90, 95

(D)
Dowling과 Begley 51
Dowling연구 49, 51
Dugdale의 소성역 치수 1, 50

(F)
F111기 96
Fatemi-Socie 모델 12, 14
Huber-Mises 기준에 의한 비례하중에 대한 등가응력강도계수 14

(I)
Irwin의 소성역치수　　83

(J)
J-R곡선　　85
J적분　　51, 83

(K)
Kikukawa-Jono-Song의 수정곡선
　　34

(L)
Larson-Miller 이론　　79
Larson-Miller 파라미터　　79
Lohr-Ellison 모델　　12

(M)
M(T)시험편　　38
Manson-Coffin식　　49, 95
Manson-Haferd 파라미터　　79
Manson-Haferd이론　　79
Manson-Halford 방법　　3
Manson의 10% 룰　　3
Masing의 가설　　20
Miner 법칙의 수정　　34
Morrow의 제안　　21

(P)
Paris의 법칙　　95

(R)
R-곡선　　85
Ramberg-Osgood의 식　　20

Reddy와 Fatemi　　14

(S)
S-N곡선　　44
S/N비　　26
Smith-Watson-Topper의 모델
　　13
Stage I, II의 균열진전　　95

(T)
t-분포　　58, 72
Tomkins의 모델　　50
Tresca 최대전단응력설　　11

(V)
von Mises의 변형에너지설　　11

(W)
Westergaard의 응력함수　　1

(X)
X선 회절법　　30

[ㄱ]
가속　　23
감도　　38
강　　94
강-소성　　52
강도계수　　19
검정　　68
경화　　12, 52
계단식 점증 부하 방법　　18
계통오차　　54, 62

고되풀이수	39
고되풀이수피로	3, 12, 23, 34
고되풀이수피로 영역	3
고온에서의 산화막의 영향	3
고온에서의 평균응력의 영향	3
고온에서의 피로	3
고온의 영향	3
고온저되풀이수에서의 수명	6
고체	27
공통경사법	3
교정	56
구간추정	68
구성요소	47
굽힘 변형률	94
굽힘응력	25
균열	83
균열닫힘	13, 24, 51
균열닫힘현상	38, 96
균열발생	13, 49
균열발생수명	23
균열방향	83
균열선단	1, 7, 29
균열선단열림변위	83
균열입구열림변위	84
균열진전	6, 13, 16, 23
균연진전량	50
균열진전속도	29
기계적성질	95
기대치	64
기술 통계학	81
기체	27

[ㄴ]

나이프엣지	84

내식성	26
노치	17, 38
노치시험편	78, 84
뉴턴 법	9
뉴턴-랩슨 법	9

[ㄷ]

다결정체	30
다수 시험편에 대한 일정진폭하중 부하 방법	17
다축피로	11
다축하중	11
다축하중 손상파라미터	13
다축하중 피로시험	14
다축하중에 대한 등가단축 수명평가식	11
다축하중에 대한 응력강도계수폭	13
다축하중에 대한 하중파형 사이클 계산법	13
다축하중하의 피로균열진전	13
단일과대하중	16
단일과대하중하의 균열진전	16
단축 되풀이하중	6
단축하중	11
단측 신뢰구간	70
독일 고속 전철 ICE	96
동 위상 축-전단피로시험	15
되풀이 J적분	51
되풀이 강도계수	19
되풀이 경화	18
되풀이 변형률 경화지수	19
되풀이 성	61
되풀이 소성변형	16

찾아보기 101

되풀이 연화　　　　　　　18, 19
되풀이 응력　　　　　　　　37
되풀이 응력-변형률 곡선
　　　　　　　　　　16, 17, 19
되풀이 응력-변형률 곡선 예측식
　　　　　　　　　　　　　21
되풀이 전단응력-변형률곡선 15
되풀이 정밀도　　　　　　　61
되풀이 하중　　　　　　16, 94
되풀이속도 수정응력폭　　　 4
되풀이속도 수정피로수명　　 4
되풀이수　　　　　　　　　49
되풀이응력　　　　　　　　37

[ㄹ]
랜덤피로시험　　　　　　　44
랜덤하중　　　　　　　23, 95
랜덤하중에서의 피로평가　　23
러프처 연성　　　　　　　　 7
레인지페어법　　　　　　　95
레인플로법　　　　　13, 24, 34
로드셀　　　　　　　　　　24

[ㅁ]
모래시계형 시험편　　　38, 49
모범적인 방법　　　　　　　55
모분산　　　　　　　　54, 63
모분산 σ^2의 구간추정　　　　75
모비율　　　　　　　　　　75
모비율의 추정　　　　　　　75
모수　　　　　　　　　　　63
모집단　　　　　　　　54, 63
모집단의 분산　　　　　　　54
모집단 파라미터　　　　　　63

모평균　　　　　　　　54, 63
모평균 μ의 구간추정　　　　69
모평균 차이 $\mu_x-\mu_y$의 구간추정
　　　　　　　　　　　　　73
무한판　　　　　　　　　　52
물체　　　　　　　　　　　27
미국시험재료학회
　　　　　　　11, 19, 25, 83, 96
미국자동차학회　　　　 11, 44
미끄럼선　　　　　　　29, 50
미소 표면균열　　　　　　　51
미소균열　　　　　　　　　27
미시관찰용 측정기기　　　　27
미시조직학적 짧은 균열　　 27
미터 원기　　　　　　　　　56

[ㅂ]
반원표면균열의 응력강도계수51
방사광 CT　　　　　　　　30
방사광 X선 CT법　　　　　30
배타적이며 상보적　　　　　32
베릴륨 동　　　　　　　　　37
베이즈 정리　　　　　　　　31
벡터　　　　　　　　　　　47
변동하중
　　　　13, 16, 20, 23, 34, 52, 95
변동하중에 대한 균열진전모델
　　　　　　　　　　　　　35
변동하중에서의 균열진전의 특징
　　　　　　　　　　　　　35
변동하중에서의 피로평가　 34
변위　　　　　　　　　　　36
변위계　　　　　　　　35, 36
변형　　　　　　　　　26, 35

변형률	16, 25, 35, 49, 79		상대효율	66
변형률 점증점감 부하방법	18		샘플링	63
변형률강도계수	49		샬피 충격시험	78
변형률경화지수	19, 52		선형누적 손상법칙	95
변형률속도	3		선형성	40
변형률-수명곡선	16		선형탄성	26, 37, 51, 83
변형률-수명관계	9		선형탄성 평면변형률 파괴인성	
변형률에 기초한 Brown-Miller 모델	11		시험법	83
변형률에너지방출률에 기초한 등			선형파괴역학	95
가변형률강도계수	14		소성	30
변형률폭	9		소성변형	16, 50
변형률폭 분할개념	4		소성변형률	3, 49
변형률폭-피로수명 관계	15		소성변형률폭	16, 40
보	36, 47, 96		소성변형률에너지	52
복합하중	44		소성연성	5
부재	47		손상 파라미터	11
부정확도	60		손상허용설계	96
분산	65		쇼베넷의 기준	48
분포	54		수치해석	9
불비례하중	15		스테인리스 강	18
불안정 균열성장	85		스트라이에이션	28, 96
불편분산	58		스트레인게이지	25, 35, 37
불편성	64		스트레인게이지 브리지 회로	25
불편추정량	58, 64, 66		스트레인게이지의 선택	37
비례하중	15		스펙트럼하중	23
비례한도	37		시컨트 오프셋	84
비선형탄성	83		신뢰계수	58
비틀림 피로시험기	95		신뢰구간	48, 68
비행 시뮬레이션	44		신뢰도	58, 69
			신뢰상한	69
[ㅅ]			신뢰수준	58, 68, 69
			신뢰하한	69
사전확률	31		실물시험	43
사후확률	32		실물피로시험	43, 44

실제하중	44

[ㅇ]

아이조드 충격시험	78
안전	44
안전성	43
안전쪽 평가	4, 86
안정균열성장	85
압축	38
액체	27
액추에이터	39
양측 신뢰구간	70
연성	78
열피로	6
오차	34, 54, 62
오차 한계	71
외팔보	29, 78, 94
요소	47
용량형변위계	38, 39
우연오차	54, 62
원자간력	29
원자간력 현미경	29
월간 재설정 정밀도	61
위상각	15
위상이 틀린 축-전단피로시험	15
위험면	11
유동응력	84
유사응력강도계수	50
유체	27
유효두께	85
유효항복강도	85
음향피로	96
응력	17, 37, 49, 94
응력-변형률 히스테리시스곡선	
	18
응력-변형률곡선	20
응력강도계수	51, 83
응력강도계수파라미터	7
응력집중	17, 94
이상 데이터	48
이항분포	76
인공지능	53
인성	78, 84
인장강도	4
인장시험	24, 37
인장파손모드재료에 대한 Smith-Watson-Topper 모델	13
인장하중	36
일간 재설정 정밀도	61
일방향	51
일방향 하중	19
일본재료학회	96
일본항공 여객기 Boeing 747-SR기	96
일일 내 재설정 정밀도	61
일정진폭하중	20
일치성	67
일치추정량	67
일치추정량에 대한 정리	67
임계면 유효변형률강도계수	14
임계면 접근법	11
입계	6
입내	6

[ㅈ]

잔류응력	30
잔류응력의 영향	95
재료강도	83

재설정 성	61		정밀도의 종류	61
재설정 정밀도	61		정적 응력-변형률 곡선	19
재설정 측정	61		정적하중	77, 83
재현 정밀도	61		정확도	55
재현 측정	61		정확도 식	59
재현성	61		정확도 표시식	55
저되풀이수피로			정확률	59
3, 12, 23, 34, 49, 50, 95			조건부 확률	31
저되풀이수피로 균열진전	49		조합응력	11
저되풀이수피로 균열진전평가	49		좌굴강도	26
저되풀이수피로 시험	35, 38		주변형률	13
저되풀이수피로 영역	3		주사형전자현미경	28
저되풀이수피로수명 평가	34		주응력	13
전계방출 주사형전자현미경	28		주철	21, 94
전단 변형률폭-피로수명 관계표			중심극한정리	69, 75
시식	15		중앙균열시험편	38, 51
전단응력	15		지연	16, 23
전단파손모드재료에 대한			질량	27
Fatemi-Socie 모델	12		짧은 균열	27
전단피로강도계수	12			
전단피로연성계수	12		[ㅊ]	
전문가시스템	24, 35, 53		차동변압기	38, 39
전변형률	16, 49		참값	54
전변형률-수명곡선	95		철	94
전변형률진폭	12		철강재료	3, 32
전변형률폭	3		청열취성	3
전위	30		최대 전단변형률설	11, 95
전자현미경	28		최대 주변형률설	11
접최대전단변형률폭	14		최대 전단변형에너지설	11
점추정	63		최대J적분	52
정규분포 48, 57, 63, 65, 73			최대응력설	11
정도	62		최대전단응력설	11
정밀도	55		최대접선응력기준	14
정밀도 표시식	60		추정	63

추정값	64
추정량	64
추정오차	71
추측 통계학	81
축 변형률폭-피로수명 관계	15
축-전단 피로시험	14
축하중	25, 47
충격시험	77
충격하중	77
충분성	67
취성	78, 94
측정기의 정확도	58
측정오차	62
치수에 덜 의존하는 파괴인성치	83
치우침	54
치우침오차	54

[ㅋ]

칼날	37
커패시터	39
콘덴서	39
크리프	79
크리프 거동	6
크리프거동예측이론	79
크리프변형	6
크리프연성	6
크리프-연성	6
크리프-연성재료	7
크리프-취성	7
크리프-취성재료	7
크리프-피로	6
크리프-피로 균열진전속도	7
크리프하중	4

클립게이지	84
클립온게이지	37

[ㅌ]

탄성계수	16, 37
탄성변형	16
탄성변형률폭	16
탄소성	51
탈착형 칼날	37
테일러 급수	10
통계	81
통계량	64
통계학	63, 81
투과형전자현미경	28
트러스	47

[ㅍ]

파괴	94
파괴역학	78, 83
파괴역학 파라미터	49, 83, 96
파괴인성	37, 78, 83
파괴인성 측정법	84
파괴인성치	83
파단	49, 94
파단되풀이수	3
파단연성	4
파손	44
팖인	85
패러다임	86
페라이트	6
편의	64
편의추정량	64
편차	54
평균	64

평균응력의 영향	94
평균하중	13
평활	51
평활시험편	37
페루프 유압서보	39
포아손 비	12
표면균열	50
표면력	7
표본	48, 63
표본 표준편차	48
표본분산	48, 64
표본분포	63
표본평균	48, 54, 64
표준기	56
표준변동하중	44
표준시료	56
표준정규분포	57, 69
표준정규확률변수	69
표준편차	48
푸시풀	40
피로	35, 44, 87
피로강도	37, 94
피로강도계수	16
피로강도지수	16
피로균열	95
피로균열발생수명	16
피로균열진전	34, 35, 37, 44, 49
피로균열진선속도	13
피로균열진전시험법	96
피로균열진전식	96
피로손상	27
피로수명	9, 16, 49, 95
피로수명시험	44
피로수명평가	44
피로시험	24, 35, 44
피로시험기	29, 39, 94
피로연구의 역사	87
피로연성계수	16
피로연성지수	16
피로예비균열	83
피로전문 국제학술회의	96
피로전문용어사전	96
피로특성	26
피로파괴	27, 87
피로파면	28
피로파손	43
피로하중	4, 16, 27, 77
피로한도	37, 95

[ㅎ]

하중	16, 24, 44, 47, 95
하중간섭효과	24, 34
하중되풀이속도	3, 23
하중변환기	24
하중선변위	85
하중센서	24
하중시뮬레이터	43
하중의 종류	77
하중진폭	23
하중파형	6
하중파형 사이클계산법	13, 23, 34
하중파형계산법	95
한쪽모서리균열 굽힘시험편	84
항복	11
항복응력	1, 12
확률	48, 68

확률변수	57, 63	bias error	54
확률분포	63	biased estimator	64
확률통계기본용어	54	body	27
회전굽힘	94	Boettner	49
회전굽힘 피로시험기	94	Braithwaite	94
회절	30	buckling	26
효율성	65		
휘트스톤 브리지 회로	25		
흩어짐	54		
히스테리시스 루프	4, 20		
히스테리시스곡선	17		
힘	17, 24, 27		
힘변환기	25		

[C]

calibration	56
cantilever	94
capacitance type extensometer	38
capacitor	39
Charpy	78
Chauvenet's criterion	48
clip-on gage	37
CMOD	84
coefficient of shear fatigue ductility	12
coefficient of shear fatigue strength	12
companion specimens method	17
complementary	32
complex load	44
component	47
condenser	39
conditional probability	31
confidence coefficient	58
confidence interval	48, 68
confidence level	68
consistency	67
consistent estimator	67
Corten-Dolan	95

[A]

accuracy	55, 59
acoustic fatigue	96
actuator	43
AFM	29
Albert	87
American Society for Testing and Materials	96
Ando-Ogura	52
ASTM	6, 11, 19, 25, 83, 96
artificial intelligence	53
atomic force microscope	29
attachable knife edge	37

[B]

Bannantine	13
Bayes' theorem	31
beam	47
beryllium copper	37
bias	54, 64

crack growth under single overload 16
crack orientation 83
creep ductility 6
creep-brittle 7
creep-ductile 7
critical plane effective strain intensity factor 14
C_t 7
CTOD 83
cycle counting method 13, 23, 34
cyclic strain hardening exponent 19
cyclic strength coefficient 19
cyclic stress-strain curve 16

[D]
da/dN 7, 13
damage parameter 11
D_c 6
DC(T) 84
descriptive statistics 81
deviation 54
disk-shaped compact 84
dispersion 54
distribution 54
Dowling 50, 51
D_p 6

[E]
E1221 86
E1457 7
E1820 84, 86
E2207 14
E23 78
E2714 7
E2760 6
E2818 86
E2899 86
E399 83, 86
E561 86
E606/E606M 36, 38
E646 19
efficiency 65
Elber 96
element 47
empirical formula by Manson and Halford 3
error 54
error limit 71
estimate 64
estimation 63
estimator 64
exemplar method 55
expert system 53
extensometer 35, 36

[F]
Fatemi-Socie model for shear failure mode material 12
fatigue assessment under random loading 23
fatigue at high temperature 3
F_{cc} 5
F_{cp} 5
field emission scanning electron microscope 28

flight simulation	44
force transducer	25
Forman	96
Forsyth	95
F_{pc}	5
F_{pp}	5
fracture toughness	83
frequency-modified fatigue life	4
frequency-modified stress range	4
Freudenthal-Heller	95
full scale fatigue testing	43

[G]

Garwood	52
gas	27
Gerber	95
Goodman	95

[H]

history of fatigue researches	87
Hodgkinson	94

[I]

impact testing	77
incremental step method	18
inferential statistics	81
International Fatigue Congress	96
interval estimation	68
Irwin	95
Izod	78

[J]

J	85
J_C	85
$J_{elastic}$	51
J_{Ic}	85
J_{max}	52
$J_{plastic}$	52
J_u	85

[K]

K	19
K'	19
Kawamoto	94
K_I	83
K_{Ic}	83
Kikukawa	24, 95
K_{Isi}	83
K_{JIc}	85
knife edge	37, 84

[L]

Laird-Smith	96
less size-sensitive fracture toughness	83
linear variable differential transformer	38
liquid	27
LM-parameter	79
load cell	24
load sensor	24
load simulator	43
load transducer	24
low cycle fatigue	95
low cycle fatigue crack growth	

assessment	49	Neuber	95
lower confidence limit	69	Newton-Raphson method	9
LVDT	38	Newton's method	9
		N_f	4, 9

[M]

		Nisioka Kunio	96
Manson	95	non-proportional loading	15
Manson's 10 percent rule	3	normal distribution	57
Masing's hypothesis	20	N_{pc}	5
mass	27	N_{pp}	5
maximum distortion energy criterion	11	numerical analysis	9
maximum principal strain criterion	11		

[O]

		one-sided	70
maximum shear strain criterion	11	outlier	48
maximum tangential stress criterion	14	outlier data	48

[P]

measuring instruments for microscopic observations	27	Palmgren	95
		paradigm	86
member	47	Peterson	95
MH-parameter	79	plastic ductility	6
micro small crack	27	plastic zone size by Dugdale	1
middle tension specimen	38	point estimation	63
Miner	95	pop-in	85
Morrow's suggestion	21	population mean	54
multi step method	18	population ratio	75
multiaxial fatigue	11	population variance	54
Muskhelishvili	1	posterior probability	32
		precision	55
		prediction theory of creep behavior	79

[N]

n	19	prior probability	31
n'	19	proportional loading	15
N_{cc}	5	prototype metre bar	56
N_{cp}	5		

찾아보기 111

pseudo-stress intensity factor 50
push-pull 40

[R]
rainflow counting 13, 34
random error 54
range-pair 95
Rankin 94
relative efficiency 66
repeatability 61
repeatability precision 61
reproducibility 62
reproducibility precision 62
resettability 61
resettability precision 61
Richard 14
ripple 49
rms 23
root mean square 23
rotating bending 94
rupture ductility 7

[S]
SAE 11, 44
sample mean 54
scanning electron microscope 28
Schijve 95
SE(B) 84
SEM 28
service load 44
Shih-Hutchinson 52
slow stable crack extension 85

Society of Automotive Engineers 11, 44
solid 27
Solomon 49
Special Technical Publication 11
standard 56
standard normal distribution 57
standard stress-time history 44
static stress-strain curve 19
statistics 81
STP 11
strain based Brown-Miller model 11
strain hardening exponent 19
strainrange partitioning 4
strength coefficient 19
striation 96
sufficiency 67
systematic error 54

[T]
TEM 28
thermo-mechanical fatigue 6
Thomas Bayes 31
Thomas S Kuhn 86
TMF 6
total maximum shear strain range 14
transmission electron microscope 28
Tresca yield criterion 11
truss 47
two-sided 70

[U]

unbiased estimator	58, 64
unbiased variance	58
unbiasedness	64
unstable crack extension	85
upper confidence limit	69

[V]

von Mises yield criterion	11

[W]

$W^*(t)$	7
Walker	96
Wareing	50
Wöhler	94

[X]

X-ray CT technique using synchrotron radiation	30
X-ray diffraction technique	30